"十四五"时期国家重点出版物出版专项规划项目
农作物有害生物绿色防控技术丛书
丛书主编　吴孔明

花生有害生物绿色防控技术

廖伯寿　许泽永　主编

科 学 出 版 社
北　京

内 容 简 介

本书主要介绍了花生病虫草害共 77 种，其中花生病害 25 种、花生虫害 22 种、花生田草害 30 种。本书共 5 章，包括绪论、花生病害、花生虫害、花生田草害、花生绿色高效防控集成技术与模式，配套花生有害生物绿色防控技术挂图 5 幅。

本书可供高校和科研院所植物保护学、作物学、作物栽培学等相关研究领域的科研人员、师生阅读，也可供农业技术推广、农业生产管理等部门的政府职员及与农业相关的企业研发人员参考。

图书在版编目（CIP）数据

花生有害生物绿色防控技术 / 廖伯寿，许泽永主编. -- 北京：科学出版社，2025.6. --（农作物有害生物绿色防控技术丛书 / 吴孔明主编）. -- ISBN 978-7-03-082472-1

I. S435.652

中国国家版本馆 CIP 数据核字第 202546HM44 号

责任编辑：陈　新　郝晨扬 / 责任校对：胡小洁
责任印制：肖　兴 / 封面设计：无极书装

科学出版社 出版
北京东黄城根北街 16 号
邮政编码：100717
http://www.sciencep.com

北京九州迅驰传媒文化有限公司印刷
科学出版社发行　各地新华书店经销

*

2025 年 6 月第 一 版　开本：787×1092　1/16
2025 年 6 月第一次印刷　印张：14 3/4　配套挂图 5 幅
字数：340 000

定价：198.00 元
（如有印装质量问题，我社负责调换）

"农作物有害生物绿色防控技术丛书"编委会

主　编　吴孔明

副主编　陈万权　周常勇　王源超　廖伯寿　何霞红　柏连阳

编　委（以姓名汉语拼音为序）

边银丙　蔡晓明　曹克强　陈炳旭　董志平　冯佰利
高玉林　郭晓军　韩成贵　黄诚华　黄贵修　霍俊伟
江幸福　姜　钰　李华平　李彦忠　蔺瑞明　刘吉平
刘胜毅　龙友华　陆宴辉　彭友良　王国平　王树桐
王　甦　王振营　王忠跃　魏利辉　许泽永　严雪瑞
曾　娟　詹儒林　张德咏　张若芳　张　宇　张振臣
赵桂琴　赵　君　赵廷昌　周洪友　朱小源　朱振东

《花生有害生物绿色防控技术》编委会

主　　编　廖伯寿　许泽永

副 主 编　晏立英　郭　巍　曲明静

编　　委（以姓名汉语拼音为序）

白冬梅	陈　傲	陈剑洪	陈坤荣	陈荣华	陈玉宁
陈志德	迟玉成	董炜博	杜　龙	高华援	谷建中
韩锁义	贺梁琼	淮东欣	姜慧芳	姜晓静	蒋相国
雷　永	李　杰	李瑞军	李少雄	李玉荣	梁炫强
刘登望	刘立峰	陆秀君	罗怀勇	倪皖莉	孙伟明
谭家壮	王　军	王明辉	夏友霖	徐永菊	叶万余
殷冬梅	喻博伦	张　霞	张　鑫	赵传志	赵　丹
赵新华	周　琳	庄伟建			

审稿人　廖伯寿　郭　巍　曲明静　许泽永　雷　永　晏立英
　　　　　陈玉宁　赵　丹　杜　龙　刘　娟　袁　美　李瑞军
　　　　　陆秀君　陈坤荣　罗怀勇

丛 书 序

农作物是人类赖以生存和繁衍的物质基础，人类社会的发展史也是一个不断将植物驯化成农作物的过程。农作物的种类繁多，既有谷类、豆类、薯芋等粮食作物和纤维、油料、糖料、茶叶等经济作物，也有白菜、番茄、辣椒等蔬菜作物，柑橘、苹果、梨等果树作物，西瓜、甜瓜、哈密瓜等水果作物，以及人参、枸杞、黄芪等药用作物。

植物病虫害是影响各种农作物生产的重要因子，人类的农耕文明也是一部与病虫害斗争的史书。我国的季风气候特点和地理特征决定了我国病虫害发生的普遍性与区域流行性，并使我国成为全球农作物病害、虫害、草害、鼠害种类较多且危害较严重的地区之一，近年来的气候变化更加剧了病虫害的为害程度、提高了病虫害的暴发频率。此外，全球经济一体化也导致国外的病虫害不断入侵我国，给农作物生产带来新威胁。据统计，仅我国主要粮食作物的病虫害就超过 1500 种，其中经常严重发生的有 100 多种，年均发生面积 70 亿亩次左右，是全国耕地面积的 3.78 倍，若不进行有效防治，可造成作物产量损失超过 40%。

病虫害防治方法的采用和社会经济的发展阶段有密切的关系。新中国成立之前，传统的农业防治是主要手段。20 世纪 60 年代之后，随着化学工业的发展，化学防治得到了广泛的应用，但也产生了病虫害抗药性、食品安全性和生态环境污染等一系列问题。为解决化学农药过度使用的弊端，我国于 20 世纪 70 年代中期提出了"预防为主，综合防治"的植物保护工作方针。进入 21 世纪，随着国家社会经济的发展和农产品质量安全标准的提高，2006 年全国植物保护工作会议提出了"公共植保，绿色植保"的理念，化学农药的使用得到了严格的控制。当前，我国已进入高质量发展阶段，新时代的植物保护要满足人民对美好生活的需求，要体现人与自然的和谐发展，要保障粮食安全、农产品质量安全和生态环境安全。

我国政府高度重视新时代的植物保护工作，不断推进依法依规科学防治病虫害进程，于 2020 年颁布实施了《农作物病虫害防治条例》（后简称《条例》）。《条例》明确了病虫害的防治责任，要求健全防治制度和规范专业化防治服务，鼓励并支持开展农作物病虫害防治科技创新和成果转化，推广信息技术和生物技术，推进防治工作的智能化、专业化和绿色化。

为适应当前我国植物保护工作的需要，在科学出版社的大力支持下，我们组织专家编著了"农作物有害生物绿色防控技术丛书"（以下简称丛书）。丛书于 2022 年 2 月启动编撰工作，汇聚了来自中国农业科学院、中国农业大学、全国农业技术推广服务中心等 50 多家科研、教学和管理单位的 1000 余位学者。为保障编写内容的科学性、系统性和权威性，我们组建了由 49 位植物保护知名专家组成的丛书编委会，先后组织召开了 4 次全体会议，共商撰写计划和要求，分配撰写和审稿任务，解决编撰过程中出现的问题。

丛书包括《农作物重大流行性病害监测预警与区域性控制技术》和《农作物重大迁飞性害虫监测预警与区域性控制技术》2个综合技术分册，以及《水稻有害生物绿色防控技术》《小麦有害生物绿色防控技术》《玉米有害生物绿色防控技术》等38个作物分册，涉及70余种农作物和3000多种病虫草鼠害。为方便读者准确诊断识别各种病虫草鼠害，切实掌握综合防控技术体系，在介绍病虫草鼠形态（或生理）特征、为害症状、生活循环、防控关键技术及其模式的基础上，各分册还配套1~6幅有害生物绿色防控技术挂图。

丛书综合反映了21世纪我国多种农作物病虫害科技创新的成果，也在一定程度上吸收了国际农作物病虫害防控技术的最新进展，内容丰富、系统全面、技术实用、指导性强。我们希望，丛书的出版能为我国植物保护、作物学、园艺学、农业资源环境等相关学科的科研工作者、高校师生，农业技术推广、农业生产管理等部门职员，农业相关企业工作人员，以及基层农技人员和农民朋友提供一套有较高实用价值的植物保护专业全书，在农作物病虫害防治人才培养、科技创新和生产实践活动中发挥积极的作用。

中国工程院院士　吴孔明

中国植物保护学会名誉理事长　陈万权

前 言

花生是世界范围内重要的油料和经济作物之一，目前在100多个国家和地区广泛种植。花生作为富含脂肪、蛋白质、微量营养成分且经济价值较高的大宗农作物，在保障全球食物供给与营养健康安全、增加农民收入和促进农业生产可持续发展等方面具有重要作用。据联合国粮食及农业组织（FAO）统计，2022年全球花生种植面积达3053.6万hm^2、总产达5423.9万t，其中非洲种植面积最大（占全球的55.9%）、亚洲总产最大（占全球的58.5%）。与2012年相比，2022年全球花生面积增长了19.3%，总产增长了27.2%，呈稳定发展态势。我国是世界花生生产、消费和贸易大国，自1993年以来花生总产量和消费量一直居世界首位，2022年总产达1838.1万t（占全球的33.9%）。我国花生总产中约52%用于榨油，年产花生油300万t（占国产植物油产量的25%，仅次于菜籽油），总产中约40%用于多样化食用和食品加工。近十年来，随着市场需求和生产成本的变化，我国花生出口逐步减少，而进口消费呈增长趋势。在我国食用植物油和蛋白质供给严重不足的背景下，进一步提升花生产能是保障国家食物安全的重大需求。

我国各省（自治区、直辖市）均有花生种植，由于分布地理范围十分广泛，不同产区的自然气候、土壤类型、耕作制度、生产条件和品种类型复杂多样，导致花生病虫草害种类繁多且变化频繁，目前全国常年发生并可导致明显经济损失的花生病虫草害达百余种，合计年发生面积达5000万～6000万亩次。若不进行有效防治，每年因病虫草害而导致的花生减产可达总产的30%以上，并严重影响产品质量乃至食品安全。即使经过有效防治，目前每年因病虫草害引起的花生产量损失仍达15%以上，年经济损失达200亿元以上。因此，针对不同产区花生病虫草害的发生及为害特点，强化绿色高效防控技术的创新与应用，是实现花生高产稳产、优质高效和环境安全的重要保障。

我国高度重视包括花生在内的农作物有害生物的研究和综合防控。20世纪50年代实行农业合作化以来，花生植保技术研究与应用总体上不断加强。在北方主产区，针对花生叶斑病、线虫病、病毒病、蚜虫、蛴螬等病虫害开展了较多的防治技术研究；在南方主产区，针对花生青枯病、锈病、叶斑病开展了较多研究，取得了较大成效。近20年来，针对不同产区花生生产形势变化和有害生物的发生为害特点，进一步加大了对青枯病、病毒病、叶斑病、锈病、网斑病、果腐病、白绢病、黄曲霉毒素污染及食叶性害虫、刺吸性害虫、地下害虫、杂草的相关生物学特性和综合防控技术研究与应用的力度。其中，通过国家花生产业技术体系、国家重点研发计划、国家自然科学基金、国际科技合作及众多地方科研项目的支持，我国在花生主要有害生物的监测、绿色植保技术的研发与应用方面取得了显著进步，在青枯病、锈病、病毒病、黄曲霉等防控技术研究与应用方面获得多项国家级科技成果奖励，并在相关国际合作中起到了突出的引领作用。然而，随着全国花生种植规模稳中有升、种植制度不断改革、栽培技术持续简化，加上气候变化加剧、化肥农药使用过度、农业劳动力持续减少等因素的综合影响，花生病虫草害发生和为害不断出现新特点、新情况和新问题，未来的综合防控难度将进一步增大。在此背景下，必须持续加强花生有害生物绿色防控技术的创新和应用。

基于强化花生植保技术创新和学术交流的迫切需要，在"农作物有害生物绿色防控技术丛书"编委会和科学出版社的统一安排与指导下，我们组织国内从事花生植保技术研究的相关专家，编写了《花生有害生物绿色防控技术》，旨在概括和综合新中国成立以来特别是21世纪以来我国花生病虫草害绿色综合防控技术的研究与应用成果，反映当今花生有害生物绿色防控的发展概貌，同时针对性地借鉴和概述了国际上在花生有害生物绿色防控方面的最新研究成果。本书在概述花生主要病害、虫害和杂草的基本生物学特性的基础上，重点突出了绿色防控理念、策略及高效技术模式的集成与应用，以期为进一步促进我国花生植保事业的高质量发展提供理论和技术支撑。

为保证本书编写内容的科学性、准确性和权威性，我们组织了由多位花生植保领域相关专家组成的编委会，并邀请行业知名专家对书稿进行审校把关。全书分为5章，即绪论、花生病害、花生虫害、花生田杂草、花生绿色高效防控集成技术与模式，收录了近年来我国花生生产上常见的病虫草害77种，其中病害25种、虫害22种、草害30种，少数在我国发生稀少的病虫草对象未在本书中收录，有的对象（如多种病菌引起的花生果腐病）不同种类的发生规律、防治技术大同小异，合并在一节撰写。在写作体例上，着重介绍了每种对象的诊断识别、分布为害、发生（或流行）规律及防控技术。为了方便读者准确诊断、识别各类病虫草害，切实掌握各种绿色防控技术，书中附有涉及病虫草形态（或生理）特征、为害症状、生活循环、防控关键技术及其模式等插图共110余幅，其中按区域特点编制的花生有害生物绿色防控技术挂图5幅。第一章绪论和第五章花生绿色高效防控集成技术与模式由廖伯寿负责撰写，第二章花生病害由廖伯寿、晏立英组织撰写，第三章花生虫害由郭巍、赵丹组织撰写，第四章花生田草害由曲明静、杜龙组织撰写。在本书的编撰过程中，全体撰稿者、审稿专家、责任编辑不厌其烦，工作认真细致，付出了巨大的努力。丛书主编、副主编、编委和审稿专家所在单位及科学出版社也给予我们大力支持。在此一并致谢！

由于我们水平有限，不足之处在所难免，期待读者不吝指教。

廖伯寿
2024年3月

目 录

第一章 绪论 ··· 1
 第一节 花生产业发展概况 ··· 1
  一、世界花生生产概况 ·· 1
  二、中国花生生产概况 ·· 1
 第二节 花生病虫草害发生情况 ·· 5
  一、发生种类 ·· 5
  二、发生区域 ·· 6
  三、为害程度 ·· 6
  四、发生趋势 ·· 6
  五、绿色防控策略与技术 ··· 7

第二章 花生病害 ·· 8
 第一节 花生晚斑病 ·· 8
  一、诊断识别 ·· 8
  二、分布为害 ·· 9
  三、流行规律 ··· 10
  四、防控技术 ··· 11
 第二节 花生早斑病 ··· 12
  一、诊断识别 ··· 12
  二、分布为害 ··· 14
  三、流行规律 ··· 14
  四、防控技术 ··· 16
 第三节 花生锈病 ·· 17
  一、诊断识别 ··· 17
  二、分布为害 ··· 20
  三、流行规律 ··· 20
  四、防控技术 ··· 22
 第四节 花生网斑病 ··· 23
  一、诊断识别 ··· 23
  二、分布为害 ··· 24
  三、流行规律 ··· 25
  四、防控技术 ··· 26

第五节　花生焦斑病 …… 26
一、诊断识别 …… 26
二、分布为害 …… 27
三、流行规律 …… 28
四、防控技术 …… 29

第六节　花生茎腐病 …… 29
一、诊断识别 …… 29
二、分布为害 …… 31
三、流行规律 …… 31
四、防控技术 …… 33

第七节　花生根腐病 …… 34
一、诊断识别 …… 34
二、分布为害 …… 35
三、流行规律 …… 35
四、防控技术 …… 36

第八节　花生白绢病 …… 37
一、诊断识别 …… 37
二、分布为害 …… 39
三、流行规律 …… 39
四、防控技术 …… 40

第九节　花生果腐病 …… 41
一、诊断识别 …… 41
二、分布为害 …… 42
三、流行规律 …… 43
四、防控技术 …… 43

第十节　花生青枯病 …… 44
一、诊断识别 …… 44
二、分布为害 …… 47
三、流行规律 …… 47
四、防控技术 …… 48

第十一节　花生疮痂病 …… 49
一、诊断识别 …… 49
二、分布为害 …… 51
三、流行规律 …… 51
四、防控技术 …… 52

第十二节　花生条纹病 …… 53
一、诊断识别 …… 53
二、分布为害 …… 55

  三、流行规律 ··· 56
  四、防控技术 ··· 57
第十三节 花生黄花叶病 ··· 58
  一、诊断识别 ··· 58
  二、分布为害 ··· 60
  三、流行规律 ··· 60
  四、防控技术 ··· 61
第十四节 花生普通花叶病 ··· 61
  一、诊断识别 ··· 61
  二、分布为害 ··· 63
  三、流行规律 ··· 63
  四、防控技术 ··· 64
第十五节 花生芽枯病 ··· 65
  一、诊断识别 ··· 65
  二、分布为害 ··· 67
  三、流行规律 ··· 67
  四、防控技术 ··· 68
第十六节 花生斑驳病 ··· 68
  一、诊断识别 ··· 68
  二、分布为害 ··· 69
  三、流行规律 ··· 70
  四、防控技术 ··· 70
第十七节 花生根结线虫病 ··· 71
  一、诊断识别 ··· 71
  二、分布为害 ··· 72
  三、流行规律 ··· 73
  四、防控技术 ··· 74
第十八节 花生立枯病 ··· 75
  一、诊断识别 ··· 75
  二、分布为害 ··· 76
  三、流行规律 ··· 77
  四、防控技术 ··· 77
第十九节 花生冠腐病 ··· 78
  一、诊断识别 ··· 78
  二、分布为害 ··· 79
  三、流行规律 ··· 80
  四、防控技术 ··· 81

第二十节 花生菌核病 ·· 81
一、诊断识别 ·· 81
二、分布为害 ·· 82
三、流行规律 ·· 83
四、防控技术 ·· 83

第二十一节 花生炭疽病 ·· 84
一、诊断识别 ·· 84
二、分布为害 ·· 85
三、流行规律 ·· 85
四、防控技术 ·· 86

第二十二节 花生灰霉病 ·· 87
一、诊断识别 ·· 87
二、分布为害 ·· 88
三、流行规律 ·· 88
四、防控技术 ·· 89

第二十三节 花生紫纹羽病 ·· 90
一、诊断识别 ·· 90
二、分布为害 ·· 91
三、流行规律 ·· 91
四、防控技术 ·· 92

第二十四节 花生黑粉病 ·· 92
一、诊断识别 ·· 92
二、分布为害 ·· 94
三、流行规律 ·· 94
四、防控技术 ·· 94

第二十五节 花生黄曲霉病与黄曲霉毒素污染 ·························· 95
一、诊断识别 ·· 95
二、分布为害 ·· 96
三、流行规律 ·· 97
四、防控技术 ·· 98

第三章 花生虫害 ··· 100
第一节 蛴螬 ··· 100
一、诊断识别 ·· 100
二、分布为害 ·· 102
三、发生规律 ·· 103
四、防控技术 ·· 105

第二节 灰地种蝇 ··· 106
一、诊断识别 ·· 106

二、分布为害 ·· 107
　　　三、发生规律 ·· 107
　　　四、防控技术 ·· 108
　第三节　小地老虎 ·· 108
　　　一、诊断识别 ·· 108
　　　二、分布为害 ·· 109
　　　三、发生规律 ·· 109
　　　四、防控技术 ·· 110
　第四节　黄地老虎 ·· 110
　　　一、诊断识别 ·· 110
　　　二、分布为害 ·· 110
　　　三、发生规律 ·· 111
　　　四、防控技术 ·· 111
　第五节　金针虫 ·· 112
　　　一、诊断识别 ·· 112
　　　二、分布为害 ·· 112
　　　三、发生规律 ·· 113
　　　四、防控技术 ·· 113
　第六节　华北蝼蛄 ·· 113
　　　一、诊断识别 ·· 113
　　　二、分布为害 ·· 114
　　　三、发生规律 ·· 114
　　　四、防控技术 ·· 115
　第七节　花生新黑地珠蚧 ·· 115
　　　一、诊断识别 ·· 115
　　　二、分布为害 ·· 115
　　　三、发生规律 ·· 116
　　　四、防控技术 ·· 116
　第八节　花生蚜 ·· 117
　　　一、诊断识别 ·· 117
　　　二、分布为害 ·· 117
　　　三、发生规律 ·· 118
　　　四、防控技术 ·· 118
　第九节　叶螨 ··· 119
　　　一、诊断识别 ·· 119
　　　二、分布为害 ·· 120
　　　三、发生规律 ·· 121
　　　四、防控技术 ·· 121

第十节 蓟马·····122
一、诊断识别·····122
二、分布为害·····122
三、发生规律·····123
四、防控技术·····123

第十一节 叶蝉·····124
一、诊断识别·····124
二、分布为害·····125
三、发生规律·····125
四、防控技术·····126

第十二节 白粉虱·····126
一、诊断识别·····126
二、分布为害·····127
三、发生规律·····127
四、防控技术·····128

第十三节 斑须蝽·····128
一、诊断识别·····128
二、分布为害·····129
三、发生规律·····129
四、防控技术·····130

第十四节 斜纹夜蛾·····130
一、诊断识别·····130
二、分布为害·····131
三、发生规律·····131
四、防控技术·····131

第十五节 棉铃虫·····132
一、诊断识别·····132
二、分布为害·····133
三、发生规律·····133
四、防控技术·····134

第十六节 甜菜夜蛾·····134
一、诊断识别·····134
二、分布为害·····135
三、发生规律·····135
四、防控技术·····136

第十七节 须峭麦蛾·····136
一、诊断识别·····137
二、分布为害·····137

三、发生规律……138
四、防控技术……138

第十八节　象甲……139
一、诊断识别……139
二、分布为害……141
三、发生规律……141
四、防控技术……142

第十九节　白条芫菁……142
一、诊断识别……142
二、分布为害……143
三、发生规律……143
四、防控技术……144

第二十节　蝗虫……144
一、诊断识别……144
二、分布为害……146
三、发生规律……146
四、防控技术……146

第二十一节　小造桥虫……147
一、诊断识别……147
二、分布为害……148
三、发生规律……148
四、防控技术……148

第二十二节　双斑萤叶甲……149
一、诊断识别……149
二、分布为害……150
三、发生规律……150
四、防控技术……150

第四章　花生田草害……151

第一节　马唐……151
一、诊断识别……151
二、分布为害……151
三、发生规律……152
四、防控技术……152

第二节　稗……153
一、诊断识别……153
二、分布为害……153
三、发生规律……153
四、防控技术……154

第三节　牛筋草 ·············· 155
一、诊断识别 ·············· 155
二、分布为害 ·············· 155
三、发生规律 ·············· 156
四、防控技术 ·············· 156

第四节　狗尾草 ·············· 156
一、诊断识别 ·············· 156
二、分布为害 ·············· 156
三、发生规律 ·············· 157
四、防控技术 ·············· 158

第五节　芦苇 ·············· 158
一、诊断识别 ·············· 158
二、分布为害 ·············· 158
三、发生规律 ·············· 159
四、防控技术 ·············· 159

第六节　鳢肠 ·············· 159
一、诊断识别 ·············· 159
二、分布为害 ·············· 160
三、发生规律 ·············· 160
四、防控技术 ·············· 161

第七节　苣荬菜 ·············· 162
一、诊断识别 ·············· 162
二、分布为害 ·············· 162
三、发生规律 ·············· 163
四、防控技术 ·············· 163

第八节　小蓬草 ·············· 163
一、诊断识别 ·············· 163
二、分布为害 ·············· 163
三、发生规律 ·············· 164
四、防控技术 ·············· 164

第九节　苦荬菜 ·············· 165
一、诊断识别 ·············· 165
二、分布为害 ·············· 165
三、发生规律 ·············· 166
四、防控技术 ·············· 166

第十节　苍耳 ·············· 166
一、诊断识别 ·············· 166
二、分布为害 ·············· 166

　　　　三、发生规律 ……………………………………………………………………… 167
　　　　四、防控技术 ……………………………………………………………………… 167
　第十一节　刺儿菜 …………………………………………………………………………… 168
　　　　一、诊断识别 ……………………………………………………………………… 168
　　　　二、分布为害 ……………………………………………………………………… 168
　　　　三、发生规律 ……………………………………………………………………… 169
　　　　四、防控技术 ……………………………………………………………………… 169
　第十二节　藿香蓟 …………………………………………………………………………… 170
　　　　一、诊断识别 ……………………………………………………………………… 170
　　　　二、分布为害 ……………………………………………………………………… 170
　　　　三、发生规律 ……………………………………………………………………… 171
　　　　四、防控技术 ……………………………………………………………………… 171
　第十三节　香附子 …………………………………………………………………………… 171
　　　　一、诊断识别 ……………………………………………………………………… 171
　　　　二、分布为害 ……………………………………………………………………… 171
　　　　三、发生规律 ……………………………………………………………………… 172
　　　　四、防控技术 ……………………………………………………………………… 172
　第十四节　碎米莎草 ………………………………………………………………………… 173
　　　　一、诊断识别 ……………………………………………………………………… 173
　　　　二、分布为害 ……………………………………………………………………… 173
　　　　三、发生规律 ……………………………………………………………………… 173
　　　　四、防控技术 ……………………………………………………………………… 174
　第十五节　异型莎草 ………………………………………………………………………… 175
　　　　一、诊断识别 ……………………………………………………………………… 175
　　　　二、分布为害 ……………………………………………………………………… 175
　　　　三、发生规律 ……………………………………………………………………… 176
　　　　四、防控技术 ……………………………………………………………………… 176
　第十六节　头状穗莎草 ……………………………………………………………………… 176
　　　　一、诊断识别 ……………………………………………………………………… 176
　　　　二、分布为害 ……………………………………………………………………… 176
　　　　三、发生规律 ……………………………………………………………………… 177
　　　　四、防控技术 ……………………………………………………………………… 177
　第十七节　反枝苋 …………………………………………………………………………… 178
　　　　一、诊断识别 ……………………………………………………………………… 178
　　　　二、分布为害 ……………………………………………………………………… 178
　　　　三、发生规律 ……………………………………………………………………… 178
　　　　四、防控技术 ……………………………………………………………………… 179

第十八节 凹头苋
一、诊断识别····················179
二、分布为害····················180
三、发生规律····················180
四、防控技术····················180

第十九节 青葙
一、诊断识别····················180
二、分布为害····················180
三、发生规律····················181
四、防控技术····················181

第二十节 喜旱莲子草
一、诊断识别····················182
二、分布为害····················182
三、发生规律····················182
四、防控技术····················183

第二十一节 铁苋菜
一、诊断识别····················184
二、分布为害····················184
三、发生规律····················184
四、防控技术····················185

第二十二节 藜
一、诊断识别····················185
二、分布为害····················186
三、发生规律····················186
四、防控技术····················187

第二十三节 小藜
一、诊断识别····················187
二、分布为害····················188
三、发生规律····················188
四、防控技术····················188

第二十四节 灰绿藜
一、诊断识别····················188
二、分布为害····················189
三、发生规律····················189
四、防控技术····················190

第二十五节 打碗花
一、诊断识别····················190
二、分布为害····················190

三、发生规律 ……………………………………………………………………………… 191
四、防控技术 ……………………………………………………………………………… 191
第二十六节　圆叶牵牛 ……………………………………………………………………… 192
一、诊断识别 ……………………………………………………………………………… 192
二、分布为害 ……………………………………………………………………………… 192
三、发生规律 ……………………………………………………………………………… 193
四、防控技术 ……………………………………………………………………………… 193
第二十七节　裂叶牵牛 ……………………………………………………………………… 194
一、诊断识别 ……………………………………………………………………………… 194
二、分布为害 ……………………………………………………………………………… 194
三、发生规律 ……………………………………………………………………………… 194
四、防控技术 ……………………………………………………………………………… 195
第二十八节　苘麻 …………………………………………………………………………… 195
一、诊断识别 ……………………………………………………………………………… 195
二、分布为害 ……………………………………………………………………………… 195
三、发生规律 ……………………………………………………………………………… 195
四、防控技术 ……………………………………………………………………………… 196
第二十九节　马齿苋 ………………………………………………………………………… 196
一、诊断识别 ……………………………………………………………………………… 196
二、分布为害 ……………………………………………………………………………… 197
三、发生规律 ……………………………………………………………………………… 197
四、防控技术 ……………………………………………………………………………… 198
第三十节　龙葵 ……………………………………………………………………………… 198
一、诊断识别 ……………………………………………………………………………… 198
二、分布为害 ……………………………………………………………………………… 198
三、发生规律 ……………………………………………………………………………… 199
四、防控技术 ……………………………………………………………………………… 199

第五章　花生绿色高效防控集成技术与模式 …………………………………………… 200
第一节　指导思想与策略 …………………………………………………………………… 200
第二节　基本思路与要素 …………………………………………………………………… 200
第三节　主要产区绿色高效防控技术模式 ………………………………………………… 201
一、东北花生产区 ………………………………………………………………………… 204
二、黄淮花生产区 ………………………………………………………………………… 205
三、长江流域花生产区 …………………………………………………………………… 206
四、华南花生产区 ………………………………………………………………………… 207
五、西北花生产区 ………………………………………………………………………… 208

参考文献 ……………………………………………………………………………………… 210

附录　花生有害生物绿色防控技术挂图 …………………………………………………… 214

第一章 绪 论

第一节 花生产业发展概况

一、世界花生生产概况

花生（*Arachis hypogaea*）是世界范围内广泛种植的重要油料与经济作物，种植花生的国家超过 100 个，分布于亚洲、非洲、美洲、大洋洲南北纬 40°之间的广大热带、亚热带和暖温带地区。花生属植物及栽培种花生起源于南美洲，花生自 16 世纪传播到各大洲并不断扩展，19 世纪后期发展成为一种规模较大的农作物。第二次世界大战之后，随着人口不断增长和消费需求拉动，全球花生生产总体呈增长趋势。据联合国粮食及农业组织（FAO）统计，1961 年全球花生面积、总产分别为 1664.1 万 hm^2、1413.4 万 t，2021 年分别增长到 3272.1 万 hm^2、5392.7 万 t。20 世纪初以来的近百年里，亚洲花生种植面积和总产均居全球之首，其次是非洲，再次是美洲，但在 2010 年之后非洲的花生面积超过了亚洲，总产则仍以亚洲最大。到 2021 年，亚洲花生面积、总产分别占全球的 39.07%、59.63%，非洲分别占 56.45%、30.33%，美洲分别占 3.99%、9.63%。2021 年花生面积居前十位的国家依次是印度、中国、尼日利亚、苏丹、塞内加尔、缅甸、坦桑尼亚、尼日尔、几内亚、乍得，总产居前十位的国家依次是中国、印度、尼日利亚、美国、苏丹、塞内加尔、缅甸、阿根廷、几内亚、乍得。此外，大洋洲和欧洲南部（西班牙、意大利、希腊等）也有少量花生种植，但在全球的占比合计低于 0.5%。全球花生总产中的约 60% 用于榨油，年产花生油 600 万 t 以上，是主要的食用植物油来源之一，约 35% 用于多样化食用。在美国、澳大利亚等发达国家，花生以食用为主，榨油比例较低，在印度、非洲及中国，花生榨油比例较高。近 60 年来，花生产品的国际贸易量总体呈增长趋势，尤其是 2010 年以来国际贸易量呈快速增长态势。

二、中国花生生产概况

（一）花生种植区域与特点

多年来，中国是世界上花生总产量和消费量最大的国家。自 1978 年改革开放以来，中国花生生产得到持续发展（表 1-1），尤其是 2010 年以来花生生产跨上新台阶。花生在各省（自治区、直辖市）均有种植，其中以河南、山东、河北为核心的黄淮产区（含江苏北部和安徽北部)的播种面积和产量均占全国的50%以上,其次为长江流域(含四川、湖北、湖南、江西、重庆、贵州及江淮地区)和华南产区(含广东、广西、福建、海南及湖南南部、江西南部)。除上述传统三大主产区外,东北农牧交错带(辽宁、吉林、黑龙江、内蒙古)的花生生产发展较快,成为全国第四大产区。各个产区的自然、生态和农业生产条件存在较大的差异,其中黄淮产区花生种植的规模大、技术规范性强,也是麦茬夏直播花生最集中的区域,花生与玉米间作的规模不断扩大(图1-1,图1-2);东北产区分布相对集中,因生育期较短,全部为春播花生;长江流域和华南产区则相对较为分散,耕作方式和种植模式十分多样(图1-3,图1-4)。最近十多年来,全国花生播种面积扩大主要来源于河南、吉林等地区以花生替代玉米、花生替代棉花的结构调整,其中2023年全国花生播种面积增长到近7200万亩(1亩≈666.7m^2,下同),近十年平均花生播种面积超过100万亩的主产省份依次是河南、山东、广东、辽宁、河北、四川、湖北、广西、安徽、吉林、江西、湖南、福建、江苏。近20年来,花生播种面积在国内大宗农作物中居第七位,排在玉米、水稻、小麦、大豆、油菜、马铃薯之后。在国际上,我国花生播种面积仅次于印度居第二位,约占全球的15%。

表1-1 全国花生生产发展情况(1978～2023年)

年份	播种面积/万亩	单产/(kg/亩)	总产/万t	年份	播种面积/万亩	单产/(kg/亩)	总产/万t
1978	2652.20	89.62	237.70	2001	7486.95	192.55	1441.57
1979	3111.60	90.70	282.24	2002	7380.90	200.76	1481.76
1980	3508.61	102.61	360.03	2003	7585.20	176.92	1341.99
1981	3708.60	103.18	382.64	2004	7117.65	201.50	1434.18
1982	3624.41	108.06	391.64	2005	6993.38	205.07	1434.15
1983	3301.40	119.67	395.07	2006	5933.67	217.18	1288.69
1984	3632.21	132.58	481.54	2007	6192.12	223.10	1381.48
1985	4977.50	133.87	666.36	2008	6543.12	223.68	1463.54
1986	4880.21	120.52	588.15	2009	6422.10	227.40	1460.42
1987	4533.20	136.13	617.10	2010	6560.78	230.70	1513.56
1988	4464.90	127.50	569.28	2011	6504.35	235.26	1530.24
1989	4419.20	121.35	536.25	2012	6601.20	239.23	1579.23
1990	4360.61	146.05	636.85	2013	6594.14	244.29	1610.89
1991	4319.90	145.91	630.33	2014	6554.55	242.65	1590.08
1992	4463.85	133.37	595.33	2015	6578.28	242.64	1596.13
1993	5069.10	166.13	842.11	2016	6672.60	245.19	1636.06
1994	5663.55	170.96	968.22	2017	6911.49	247.30	1709.19
1995	5714.10	179.11	1023.46	2018	6929.49	250.12	1733.20
1996	5423.48	186.94	1013.85	2019	6950.22	252.07	1751.96
1997	5582.36	172.83	964.79	2020	7096.25	253.55	1799.27
1998	6058.68	196.19	1188.62	2021	7207.94	254.00	1830.78
1999	6402.30	197.41	1263.85	2022	7025.70	260.89	1832.95
2000	7283.22	198.22	1443.66	2023	7196.76	267.21	1923.07

数据来源:国家统计局

图 1-1　黄淮产区花生标准化起垄种植（廖伯寿　提供）

图 1-2　北方花生玉米带状种植（张正　提供）

图1-3　长江中游丘陵春花生种植（雷永　提供）

图1-4　华南地区花生甘蔗带状间作种植（唐荣华　提供）

（二）花生生产与供给概况

改革开放以来，我国花生总产实现较大幅度增长，从1978年的237.7万t增长到2023年的1923.1万t（表1-1），增长超过7倍，同时花生在国内油料作物（包括油菜、花生、向日葵、芝麻、胡麻）总产中的比例提高到 50.4%。近十年，国内平均花生总产居前十位的省份依次是河南、山东、河北、广东、辽宁、湖北、吉林、安徽、广西、四川，而总产增长较大的省份是河南、辽宁、吉林、江苏、湖南等。2023 年我国花生总产约占全球的 35%，自 1993 年以来连续居全球花生生产国的首位。

花生是油、食兼用的高油脂、高蛋白作物，我国花生总产中约 52% 用于榨油，年产花生油 300 万 t，占国产植物油产量的 25% 以上，是国产植物油的第二大来源（仅次于菜籽油）。除榨油外，多种多样的食用及食品加工合计占总产的 40% 左右，包括烤（炒）果、烤（炒）仁、花生糖、花生奶、花生酥、花生酱、花生芽等。除榨油和食用外，其余合计 8% 左右用于出口和留种。山东鲁花集团有限公司是国内外最大的花生油加工企业，近年来生产的高油酸花生油已在市场销售，市场价值开始显现。榨油后的花生饼粕多用作动物饲料，少数用于加工蛋白粉和多肽等产品。花生秸秆饲料化利用的比例也不断提高。

我国是世界上的花生传统出口大国，2005 年前后出口量曾居世界首位并占全球花生贸易量的近 50%。但是，近十年来受国内花生生产成本上升、高油酸花生发展滞后、质量安全控制技术不够健全、农产品贸易政策改变等因素的影响，花生出口呈连续下降趋势，从 2010 年的 50 万 t 下降到 2021 年的 30 万 t 左右。与此同时，花生进口则快速上升，2021 年进口量已达 100 万 t 以上。导致花生产品进口快速增长的原因：一是由于国内外花生产品的价格差异，从发展中国家进口了廉价的榨油原料花生；二是由于境内加工企业（含外资企业）的特殊（原料）需求，从美国和阿根廷等地进口了高油酸花生；三是由于收获时间差异，从东南亚进口了上市早的花生（含鲜食）。预计未来受生产成本和需求增长的影响，花生进口量还将进一步增长。

（三）花生产业发展趋势

我国是世界人口大国，保障粮食安全和重要农产品有效供给是国家重大战略需求。花生作为我国优势大宗油料作物，虽然近十年来总产增长较快，但目前花生油在国内食用植物油消费中的比例只占约 8%，市场缺口至少在 100 万 t。根据我国自然生态与农业生产条件、科技支撑能力和花生综合竞争优势，预计到 2030 年全国花生种植面积可增加到 8000 万亩、总产增加到 2400 万 t 以上，并基本实现高油酸化，总产中榨油维持现有比例，榨油原料含油量平均提高 2 个百分点，花生油年产量达 450 万 t 以上，多样性的食用加工进一步拓展，从而在保障食用油供给、改善膳食结构、发展农村经济方面发挥更大的作用。

第二节　花生病虫草害发生情况

一、发生种类

随着我国花生种植面积的不断扩大，轮作倒茬受限而连作越来越普遍，加上全球气候变暖等因素的影响，花生病虫草害的发生和危害总体上逐年加重，严重影响着花生的产量、品质和效益。全国农业技术推广服务中心曾组织对全国范围内花生有害生物进行为期4年（2009～2012年）的调查，发现花生田间常见的病害有31种、虫害有28种、草害有34种。在花生病害方面，主要包括褐斑病、黑斑病、网斑病、锈病、疮痂病、青枯病、白绢病、根腐病、茎腐病、果腐病、病毒病、根结线虫病、焦斑病、立枯病、冠腐病、炭疽病、灰霉病和紫纹羽病等。其中，褐斑病和黑斑病是分布最广的病害，全国几乎所有花生种植区均有发生；网斑病在黄淮产区和东北产区广泛发生，常年与褐斑病或黑斑病交错发生和为害；锈病主要发生在华南和长江流域产区；疮痂病在21世纪初之前主要发生在华南和长江流域的少数省份，但是近年来扩展到黄淮和东北花生产区，成为局部产区的主要病害；根腐病和茎腐病主要发生在苗期；白绢病和果腐病在一些产区的发生越来越严重。在花生虫害方面，主要包括蛴螬、蚜虫、蓟马、华北蝼蛄、叶螨、叶蝉、白粉虱、斜纹夜蛾、甜菜夜蛾、棉铃虫、地老虎、象甲、金针虫、蝗虫等。在花生田草害方面，主要包括马唐、稗、牛筋草、狗尾草、小飞蓬、苦荬菜、苍耳、刺儿菜、香附子、反枝苋、喜旱莲子草等。

二、发生区域

我国花生种植分布十分广泛，因而花生病虫草害的发生区域也十分广泛。在花生病害方面，全国各地均有叶斑病的发生，其中早斑病相对较多地发生在南方产区，而晚斑病更多地集中在北方产区。锈病在长江以南地区均常年发生和为害，但年度间发病程度波动较大。网斑病主要发生在华北和东北等生长后期温度较低的产区，但受温度和湿度变化的影响，某些年份也能在黄淮南部大面积发生。花生青枯病主要发生在长江流域以南地区，但北方产区也有零星发生。多种真菌性土传病害（冠腐病、茎腐病、白绢病、果腐病等）在全国各地均有发生并呈加重趋势，尤其与连作、施肥和灌水有关。花生线虫病主要分布于环渤海湾产区。在花生虫害方面，全国各地均有发生和为害，但年度间差异较大，其中食叶性害虫、蚜虫、蛴螬等主要害虫在北方产区发生更重。在花生田杂草方面，总体上南方产区和长江流域产区的杂草种类更多，受温度高、湿度大等因素的影响，为害程度总体更高。

三、为害程度

据不完全统计，我国花生的病虫草害达100余种，可以引起显著减产的重要病虫草害达20多种。据测算，目前花生病虫草害造成的年经济损失在200亿元以上，占花生种植业产值的近20%。一些病虫害还引起花生质量的显著下降，甚至增加食品安全风险。

四、发生趋势

随着花生种植规模的扩大、栽培模式的改革、栽培品种的更新、施肥种类的变化以及气候变化的加剧，花生病虫草害总体将进一步加重。尤其是秸秆禁烧、土壤酸化、轻简化栽培技术的普及、农村劳动力减少等因素，使土传病害、虫害呈快速上升趋势，一些次要病虫害可能上升为主要病虫害。另外，一些花生病害如锈病、病毒病，对花生生产的影响总体呈下降趋势。花生农田杂草总体呈稳定趋势，而且与轮作系统的综合治理有关，但不同轮作系统中除草剂的滥用可能衍生出不同程度的残留危害。

五、绿色防控策略与技术

花生有害生物防控技术的发展方向是绿色化和高效化。花生品种抗性的遗传改良和应用是对有害生物最为经济有效的防治措施，我国在花生青枯病、锈病、叶斑病、黄曲霉等抗性品种改良方面取得了良好进展，尤其是青枯病和锈病均通过培育与种植抗病高产品种得到了有效控制，叶斑病、网斑病等主要叶部病害也可以通过种植抗（耐）病品种并结合化学防治等补充措施得到有效防控。然而，花生多种土传真菌性病害（根腐病、茎腐病、白绢病、果腐病等）的防控仍然难度很大，与禾本科作物合理轮作或间作、加强田间肥水管理、科学进行种子处理并辅之以必要的化学防治措施，可以有效抑制这些土传病害的发生和为害。花生虫害主要依靠包括物理、生物、化学和农业措施在内的综合防治，目前已建立了针对主要虫害的综合防控技术措施，少数抗虫性（如抗蓟马、抗蚜虫等）改良已取得一定进展。花生草害防控主要依靠农业和化学防治。在花生病虫害的综合防控方面，已研究并集成了"一选二拌三垄四防五干燥"的绿色防控技术模式，并且多次入选全国农业主推技术，各地可以根据具体病虫害发生种类和特点灵活使用。

撰稿人：廖伯寿（中国农业科学院油料作物研究所）
审稿人：晏立英（中国农业科学院油料作物研究所）
　　　　曲明静（山东省花生研究所）
　　　　赵　丹（河北农业大学植物保护学院）

第二章
花生病害

第一节 花生晚斑病

一、诊断识别

(一) 为害症状

花生晚斑病主要为害花生叶片,严重时也在叶柄、托叶、茎秆和果针上形成病斑。花生叶片上的病斑呈黑褐色至黑色,所以也称"黑斑病",一般比花生早斑病小,直径为1~5mm,圆形或近圆形(图2-1),病斑在叶面和叶背的颜色相近。在多数情况下,病斑周围没有黄色晕圈,仅在少数花生品种上有明显的黄色晕圈,这与花生品种对该病害的反应特性有关。在叶背的病斑中,通常会产生许多黑色或深褐色的分生孢子座,紧密排列成同心轮纹状,尤其在空气湿度大的环境中更易产生分生孢子座。花生茎秆、托叶、叶柄上的病斑也呈黑色或黑褐色,其中在茎秆上受侵染部位表面可略微凹陷,严重时可导致茎秆变黑枯死。病害严重发生时,花生叶片出现大量黑色斑点,容易引起叶片干枯脱落。

图2-1 花生晚斑病为害症状(廖伯寿 提供)

（二）病原特征

花生晚斑病的病原菌是花生假钉孢菌（*Nothopassalora personata*），属于子囊菌门（Ascomycota）球腔菌目（Mycosphaerellales）球腔菌科（Mycosphaerellaceae）假钉孢属（*Nothopassalora*）。

花生假钉孢菌可产生无性分生孢子和有性子囊孢子。花生假钉孢菌无性世代的分生孢子座一般着生于叶背的表皮下，近球形或长椭圆形，呈深褐色至黑色。分生孢子梗成簇紧密着生于分生孢子座上，梗粗短，直立或微弯曲，无分枝，多数无隔膜，表面平滑；孢痕明显，厚而突出，末端呈膝状弯曲，褐色至深褐色，大小为18～60μm×4～8μm。分生孢子呈倒棒状，较花生早斑病病原菌的分生孢子粗短，顶部钝圆，基部倒圆锥平截，直立或微弯曲，基脐褐色至深褐色。分生孢子有隔膜1～8个（多数为3～5个），不缢缩，大小为18～60μm×5～11μm。子囊壳扁卵圆形至球形，大小为112.6～147.7μm×112.4～141.4μm。子囊孢子双胞，分隔处缢缩、透明，大小为10.9～19.6μm×2.9～3.8μm。国外曾在尚未腐烂的花生病叶组织内发现花生假钉孢菌的子囊壳，我国江苏等地在花生病株茎秆组织上也发现过花生假钉孢菌的有性世代。

花生假钉孢菌生长发育的温度为10～35℃，适宜温度为20～30℃，最适温度为28℃，低于5℃或高于40℃均不能生长。分生孢子在低于10℃或高于40℃时不能萌发，在20～30℃时孢子萌发率较高，最适温度为25℃。在适宜的温度范围内，病害的流行受雨露影响很大。分生孢子在水滴中具有较高的萌发率，在相对干燥的条件下萌发率较低。阴雨天气或叶面上有露水，有利于病原菌分生孢子的萌发、侵染及病害流行。

二、分布为害

（一）分布

花生晚斑病是世界范围内分布最广和危害最大的花生叶部病害，发生范围和经济损失均超过其他病害。世界上，花生晚斑病在印度、非洲国家以及中国的北方地区发生较为普遍且严重。我国吉林、辽宁、河北、北京、河南、山东、山西、安徽、湖北、四川、重庆、湖南、贵州、云南、江西、广东、广西、福建、新疆等花生产区均有花生晚斑病的发生和为害，其中以北方产区更为严重。在北方产区，花生晚斑病经常与网斑病混合发生，而在南方产区则经常与花生锈病混合发生。

（二）为害

花生假钉孢菌主要为害花生植株，未见为害其他作物。花生感病后，光合作用下降，荚果发育受阻，百果重和百仁重降低，一般可引起10%～30%的减产，严重时可减产50%以上，并严重影响花生的品质，籽仁饱满度、脂肪和蛋白质含量下降，商品性差。

三、流行规律

（一）侵染循环

花生假钉孢菌主要以无性世代完成整个侵染循环。花生假钉孢菌以菌丝或分生孢子座随花生病残体在土壤中越冬，或以分生孢子黏附在花生荚果、茎秆表面越冬。田间极少发现花生假钉孢菌的子囊壳，因此子囊孢子不是主要的初侵染源。第二年环境条件合适时，越冬分生孢子萌发后产生的芽管或菌丝直接作为初侵染源。病斑一般首先出现在花生植株基部的老叶上，这与初侵染源来自土壤及衰老叶片的抵抗力差有关。花生假钉孢菌最适合的侵染条件是温度25℃左右、相对湿度大于93%超过12h或叶片表面持续湿润超过10h。花生晚斑病的潜伏期为侵染后的10~14天，潜伏期比花生早斑病更长。发病植株病斑上产生的分生孢子可以成为田间的再侵染源。花生假钉孢菌产生的分生孢子多于花生早斑病病原菌，所以更能在田间短时间内流行。

（二）传播规律

花生假钉孢菌的分生孢子可随气流和雨水近距离传播。分生孢子扩散的最适环境是早上露水消失之前或开始下雨时，气流、风速、雨水、昆虫等因素均可影响分生孢子的传播和病害的流行。

（三）流行因素

花生晚斑病的流行受区域和季节的影响较大，同时也受防治措施和花生品种抗病性的影响。

1. 品种感病性

不同花生品种对晚斑病的抗性存在广泛差异。一般早熟品种比晚熟品种发病重，生育期长的蔓生型或半蔓型品种发病相对较轻，直立型品种发病较重。叶片小而厚、叶色深绿、气孔较小的品种发病慢且发病轻，而叶片大而薄、叶色浅、叶背气孔多且大的品种容易感病且发病重。野生花生资源对花生晚斑病的抗性普遍较强，一些高抗的野生种质不产生病斑，或潜伏期长、病斑数量少、病斑小、不产生分生孢子、受损叶面积小。花生品种感病性强弱和种植面积是决定花生晚斑病流行范围及程度的基本条件。迄今，尚未发现花生假钉孢菌致病力的明显差异以及与花生品种之间的专化性。

2. 菌源数量

越冬菌源数量是影响花生晚斑病流行与否以及为害程度的重要因素。越冬菌源数量主要取决于上一年花生假钉孢菌越冬率的高低，上一年花生田间发病重、冬季温度较高或长期积雪，有利于花生假钉孢菌的越冬。

3. 气象条件

花生晚斑病在田间的发生时间随环境温度、湿度变化而有所不同，降雨和结露有利于分生孢子萌发，因而可促进花生晚斑病的发生和流行。

4. 栽培条件

连作地块由于土壤中菌源基数较高，一般病害偏重，连作年限越长，病害流行越重，而轮作田尤其是水旱轮作或与禾本科的小麦、玉米等轮作，则发病晚、发病较轻。花生晚斑病的发生与植株长势也密切相关，通常土质好、肥力水平高、长势好的地块病害轻，而山坡地、肥力低、长势弱的地块病害相对较重，瘠薄土壤受高温、干旱胁迫更容易引起落叶。

四、防控技术

花生晚斑病的防治采取种植抗病品种为主、辅以栽培和药剂防治的综合措施。

（一）选用抗病品种

培育和种植抗病花生品种是防治花生晚斑病的重要措施。花生晚斑病的抗性育种已开展多年，花生种质资源中存在高抗、中抗、中感和高感的差异，其中野生花生资源中的晚斑病抗性水平更高，而且存在主效抗性基因，更易于育种利用。国外已培育出多个抗晚斑病的花生品种，如国际热带半干旱地区作物研究所（International Crops Research Institute for the Semi-Arid Tropics，ICRISAT）培育的高抗品种ICGV86699、ICGV99005和美国培育的中抗品种Southern Runner、DP-1、Georgia-07W等。由于花生晚斑病抗性与产量、品质、早熟性之间的矛盾，国内尚未育成高抗晚斑病的高产优质品种，但中花12、鲁花11号、鲁花14号、花育16号、天府20、天府22、天府28、豫花11号、豫花15号、豫花47号、开农36、开农176、濮花33号、湛油1号、晋花10号、粤油79、粤油92、粤油7号、汕油21、湛油62等的感病程度相对较轻，有的品种达到中抗水平，各地可因地制宜地选用感病程度较轻的品种，以减少病害造成的损失。在选择抗晚斑病品种时，也要考虑对其他重要病害的抗性。

（二）栽培防治

花生收获后及时清除田间病叶、深耕深埋，可减少菌源和减轻病害。使用病株沤制粪肥时，要使其充分腐熟后再施用，以减少病源数量。花生与甘薯、玉米、水稻等作物轮作1~2年，可有效减轻晚斑病的发生和为害程度。通过适期播种、合理密植、施足基肥、保持田间通风、注意排渍防涝等，可促进花生健壮生长，提高抗病力，减轻病害发生。

(三)科学用药

化学防治是防控花生晚斑病的有效手段。根据河北省农林科学院粮油作物研究所和中国农业科学院油料作物研究所的试验结果,通过叶部病害的化学防治可提高花生产量9%~46%。根据田间综合防治花生晚斑病和其他主要叶部病害(早斑病、网斑病)的需要,可在花生生长中后期(结荚期,播种后60~80天)开始防治。用于防治晚斑病的药剂有25%吡唑醚菌酯悬浮剂、20%氟唑菌酰羟胺·苯醚甲环唑可湿性粉剂、30%苯醚甲环唑·丙环唑悬浮剂、32.5%苯醚甲环唑·嘧菌酯悬浮剂、20%烯肟菌胺·戊唑醇悬浮剂、50%多菌灵可湿性粉剂、75%百菌清可湿性粉剂、70%甲基硫菌灵可湿性粉剂、80%代森锌可湿性粉剂、12.5%氟环唑悬浮剂、30%苯醚甲环唑·丙环唑乳油等。第一次施药后,间隔10~15天再喷施一次,病害重的地块喷施2或3次,可以控制花生晚斑病的发生,还可兼防花生早斑病。

撰稿人:廖伯寿(中国农业科学院油料作物研究所)
　　　　陈玉宁(中国农业科学院油料作物研究所)
审稿人:晏立英(中国农业科学院油料作物研究所)

第二节　花生早斑病

一、诊断识别

(一)为害症状

花生早斑病主要为害花生叶片,也能侵染和为害叶柄、茎秆、托叶和果针。一般情况下,花生早斑病病原菌对花生的初始侵染发生在初花期,在花生生长中后期达到发病高峰。受侵染的花生叶片上开始出现如针头大小的细小褪绿斑点,与花生晚斑病相似而不易区分,但随着病程的扩展,形成近圆形或略不规则形的黄褐色病斑,病斑直径为1~10mm。病斑在叶面呈黄褐色至深褐色,叶背呈黄褐色,因此也称"褐斑病",病斑周围一般有明显的黄色晕圈(图2-2)。花生早斑病病原菌的分生孢子在叶面和叶背都能产生,但以叶面为主,在潮湿条件下叶面病斑上产生明显可见的灰色霉状物(分生孢子梗和分生孢子)。花生茎秆上的病斑呈褐色至黑褐色,一般为长椭圆形,边缘清晰,表面略微凹陷。

(二)病原特征

花生早斑病的病原菌是花生球腔菌(*Mycosphaerella arachidis*),属于子囊菌门(Ascomycota)球腔菌目(Mycosphaerellales)球腔菌科(Mycosphaerellaceae)球腔菌属(*Mycosphaerella*)。

花生球腔菌的分生孢子座一般着生在花生叶面的病斑上,散生,排列不规则,深褐

图 2-2　花生早斑病为害症状（晏立英　提供）

色，直径为 25～100μm。研究报道分生孢子座上着生的分生孢子梗丛生或散生，膝状弯曲，不分枝，黄褐色，基部颜色深，无隔膜，或者有 1 或 2 个隔膜，分生孢子梗大小为 15～45μm×3～6μm。分生孢子生长在分生孢子梗顶端，底部平整，细长形，无色或淡褐色，有 4～13 个隔膜（多数为 5～7 个隔膜），大小为 35～110μm×3～6μm（图 2-3）。有性世代子囊壳近球形，着生于叶面和叶背，大小为 47.6～84.0μm×44.4～74.0μm，子囊壳的孔口处有乳状突起；子囊圆柱形或倒棍棒状，束生，大小为 27.0～37.8μm×7.0～8.4μm，内生 8 个子囊孢子；子囊孢子无色，上部细胞较大，弯曲无色，子囊孢子一般双胞，大小为 7.0～15.4μm×3～4μm。花生球腔菌的有性世代在花生上很少被发现。在人工培养条件下，花生球腔菌在多数培养基上生长缓慢，产孢很少。

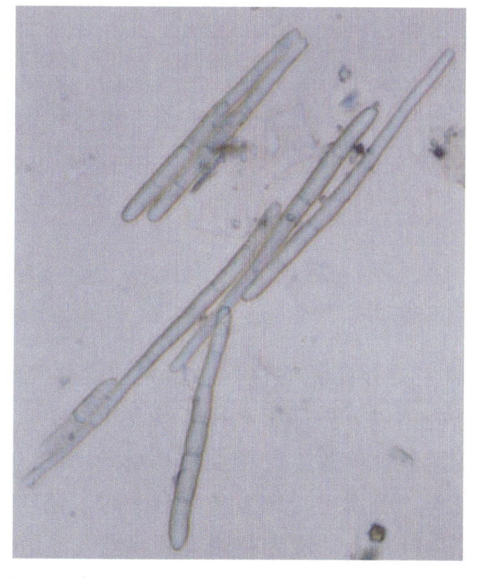

图 2-3　花生球腔菌的分生孢子（晏立英　提供）

花生球腔菌在马铃薯葡萄糖琼脂（PDA）培养基上生长缓慢，生长初期菌落为黑褐色，近圆形，质地硬，生长后期菌落形状不规则，长出白色气生菌丝，菌丝生长的最适 pH 为 6~8，最佳碳源为乳糖，最佳氮源为酵母膏。10~35℃条件下都可生长，20~30℃为生长的适宜温度，最适温度为 25℃，低于 5℃或高于 40℃时病菌停止生长和产孢。分生孢子萌发的适宜温度为 20~30℃，水分是孢子萌发的必要条件，在水滴中分生孢子萌发率较高，光暗交替培养有利于孢子萌发，分生孢子的致死温度为 52℃（10min）。

花生早斑病发病的最适宜温度为 25~28℃，低于 10℃或高于 37℃均不能发病。相对湿度 80% 以上有利于病害发展，在合适的温度条件下，遇长期阴雨则很快流行。花生球腔菌喜高温的习性导致田间发病高峰主要在花生生长中后期。当气温高于 19℃、田间相对湿度超过 95%并持续较长时间时，有利于分生孢子的形成。有露水或水膜的情况下产孢量最大。

花生球腔菌的基因组大小为 33.25Mb，GC 含量为 52.4%（Orner et al.，2015）。

二、分布为害

（一）分布

花生早斑病的分布范围仅次于晚斑病，几乎覆盖世界上所有花生产区，但发病程度在不同地区之间、同一地区不同年份之间存在很大差异，总体为害程度小于晚斑病。花生早斑病在我国各个花生种植地区都有发生，为害程度在年度之间有较大波动，受各地气候环境的影响较大。花生球腔菌主要为害花生，尚未发现其侵染和为害其他寄主植物。

（二）为害

花生受花生球腔菌侵染后，叶片上产生很多病斑，导致光合面积和光合能力下降，随着病害的加重，至花生生长中后期病斑可连成片，叶片枯死或脱落。一般情况下，干旱、瘠薄土壤上花生早斑病发生早、发病重，旱坡地比水田发病重，旱坡地受干旱和病害的双重影响，花生茎秆容易枯死，严重影响植株干物质积累和荚果的充实与成熟。花生早斑病一般可导致花生减产 10%~20%，严重发生时减产可达 40%以上。

三、流行规律

（一）侵染循环

在我国，花生球腔菌主要存在无性世代，以无性世代完成整个生活史，无性世代只产生分生孢子。花生球腔菌以分生孢子座和菌丝在土壤中未腐烂的病残体上越冬，其中茎秆、叶柄和果柄上的菌丝比叶片上的菌丝更易越冬，或以分生孢子黏附在荚果、茎秆或枯叶表面越冬。第二年，当温度、湿度条件合适时，菌丝和分生孢子座产生分生孢子，孢子随风雨传播到花生叶片上，成为初侵染源。当气温达 20~24℃、相对湿度大于 90% 时，分生孢子开始萌发，侵染花生组织，产生黄褐色病斑。该病害潜伏期的长短与温度相关，也与花生的生育期相关，潜伏期一般为16～20天，随后产生分生孢子。病斑上产生的分生孢子借助风、气流、雨水或昆虫短距离传播，进行再侵染（图2-4）。在福建、广东、广西等南方花生产区，春花生收获后，病株残体上的病菌又成为秋花生的初侵染源。

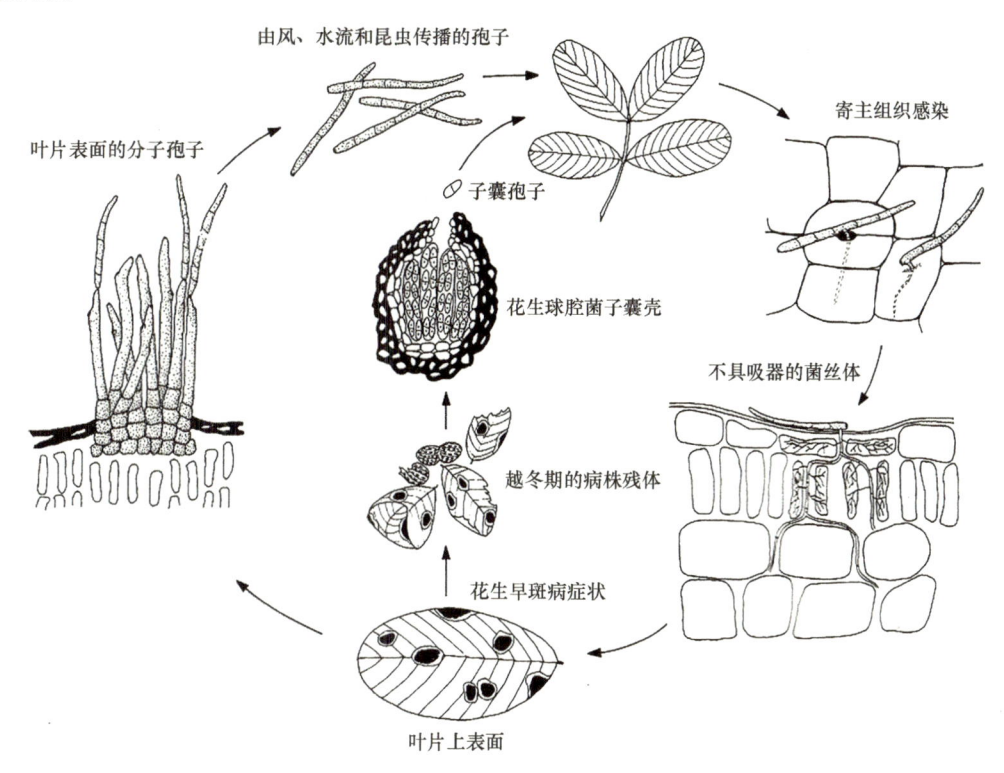

图 2-4　花生球腔菌的侵染循环（Kokalis-Burelle et al.，1997）

（二）传播规律

花生早斑病是我国花生上的常发性病害，分生孢子在田间主要靠气流和雨水传播。在田间可多次重复再侵染。清晨叶片上露水刚消失和下雨之前是分生孢子扩散的高峰期。

（三）流行因素

1. 品种感病性

在栽培花生中，尚未发现对花生早斑病免疫的品种。在人工接种条件下，大多数高产优质花生品种对花生早斑病表现感病。在花生种质资源中存在对花生早斑病表现高抗的材料。花生的抗病性水平主要根据病斑数量和落叶情况来判断，不同花生材料受病菌侵染后的潜伏时间、落叶时间、落叶程度和产孢量存在较大差异，抗病材料上病原菌的潜伏时间长、病斑小、单位叶面积的病斑数量少、病斑产孢量少、从病斑开始出现到落叶的时间长、落叶少，而感病材料上病害的潜伏时间短、病斑大、产孢量多、从病斑出现到落叶的时间短。花生品种对花生早斑病存在不同水平的田间抗性，一般早熟品种发病早而重，晚熟品种发病晚而轻。

2. 菌源数量

越冬菌源数量是影响花生早斑病流行与否和为害程度的重要因素。越冬菌源数量主要取决于上一年病菌越冬率的高低，上一年花生田间发病重、冬季气温高或长时间积雪覆盖，有利于病菌的越冬。

3. 气象条件

花生早斑病的流行程度受气候因子的影响较大，尤其是温度和湿度。花生球腔菌生长发育的适宜温度为10～37℃，最适温度为25～30℃，低于10℃或高于37℃均不能生长。花生球腔菌产生分生孢子的最适温度为25℃，此温度产生的分生孢子量最多，随着温度的上升或下降，分生孢子的数量均下降。最适宜分生孢子产生的相对湿度为83.7%，随着相对湿度的下降，分生孢子的数量也下降。河南开封连续8年田间系统观察发现，花生早斑病的流行程度与花生苗期（5～6月）的平均湿度呈正相关。降水量也是影响病害流行的重要因子，降水量大，温度适宜，产生分生孢子的数量多，降水量多而温度过高则不利于孢子形成。降雨日数在3天以上，露日3～4天，则有利于分生孢子的形成。在20～30℃条件下，持续阴雨天气或叶面上有露水，有利于花生球腔菌的分生孢子萌发、侵染和分生孢子的形成。因此，花生生长中后期多雨、气候潮湿，则病害发生重；少雨、干旱天气，则病害发生轻。

4. 栽培条件

花生早斑病的发生程度与土壤条件、肥力水平和花生长势相关。坡地上由于土壤瘠薄、肥力较低、生长势弱，病害发生早而且严重；土质好、肥力水平高、植株长势好的地块病害轻。花生连作，土壤中菌源多，发病严重，连作年限越长则病害越重。

四、防控技术

花生早斑病的发生和流行与越冬菌源、品种感病性和气候条件等关系密切，防治应以选用具有田间抗病性或耐病性的花生品种为主、栽培和药剂防治为辅的措施。

（一）选用抗病品种

种植抗早斑病的花生品种是防治该病害最为经济有效的措施。一些花生种质资源中存在早斑病抗性，如从南美洲收集的多粒型品种中存在较高水平的早斑病抗性，但抗性与不良农艺性状紧密连锁，而且在育种中的应用效果较差。国外从野生花生与栽培种花生的杂交后代中选育出了高抗早斑病的品种，如ICRISAT培育的ICGV86699具有高抗水平，其他品种ICGV-SM-93531、ICGV-IS-96802、ICGV-IS-96827和ICGV-IS-96808也对早斑病具有较好的抗性。国内在花生早斑病抗性改良方面也取得了进展，但是高产品种的抗性水平仍不高，只具有中抗水平或一定的田间抗性，如仲恺花1号、开农301、豫花11号、豫花15号、豫花37号、豫花65号、粤油7号、粤油45、粤油92、中花

12、花育 23 号、日花 1 号、吉花 7 号等，这些品种主要表现为病斑较少、落叶晚、不早衰。

（二）栽培防治

南方有水源条件的地区，可实行花生与水稻的轮作，其他无水源条件的旱地，可与甘薯、玉米等非寄主作物轮作 1~2 年，均可减少田间菌源数量和降低病害发生程度。适期播种、合理密植、施足基肥、增施磷钾肥、避免偏施氮肥、生长中后期喷施叶面肥可起到减轻病害的作用。起垄种植，雨后及时清沟排水等，促进花生健壮生长，提高抗病能力，可减轻病害的发生。花生收获后及时清除田间病秸秆、病叶，深耕深埋或销毁，可减少菌源数量，减轻下一季病害的发生。

（三）科学用药

从花生开花期开始采用药剂防治，可有效降低病害的流行与为害。经过多年的田间筛选试验，国内已获得多种可有效控制花生早斑病（包括晚斑病）的杀菌剂，如 25% 吡唑醚菌酯悬浮剂 750~1000 倍液、20% 氟唑菌酰羟胺·苯醚甲环唑可湿性粉剂 2000~5000 倍液、30% 苯醚甲环唑·丙环唑乳油 2000 倍液、5% 吡唑醚菌酯+55% 代森联 600 倍液、32.5% 苯醚甲环唑·嘧菌酯悬浮剂、12.5% 氟环唑悬浮剂 2000 倍液、20% 戊唑醇·烯肟菌胺悬浮剂和一些传统的杀菌剂如 50% 咪酰胺锰盐 500~1000 倍液、12.5% 戊唑醇水乳剂、50% 多菌灵可湿性粉剂 800~1500 倍液、70% 代森锌可湿性粉剂 600~800 倍液、75% 百菌清可湿性粉剂 500~800 倍液、70% 甲基硫菌灵可湿性粉剂 1000 倍液或 12.5% 烯唑醇可湿性粉剂 1500~2000 倍液、80% 代森锌可湿性粉剂 800 倍液等。北方产区花生早斑病常发地区一般在播种后 60 天左右开始第一次喷药，南方产区可提早施药，之后视病情发展，间隔 10~15 天喷施，病害重的地块喷施 3 或 4 次，可有效控制病害发生。不同杀菌剂可以交替使用，避免病菌产生抗药性。

撰稿人：廖伯寿（中国农业科学院油料作物研究所）
　　　　陈玉宁（中国农业科学院油料作物研究所）
审稿人：晏立英（中国农业科学院油料作物研究所）

第三节　花生锈病

一、诊断识别

（一）为害症状

花生锈病主要为害花生的叶片，叶柄、茎秆、果柄和果壳也可受病菌的侵染。花生锈病主要发生在花生生长中后期，一般植株下部叶片首先发病，逐渐向中上部叶片扩展。受侵染的叶背开始出现针头大小的疹状白斑，对应的叶面出现鲜黄色小点，叶背病斑逐渐变成淡黄色的圆形或近圆形斑点，随着病情的进一步扩展，叶背病斑逐渐扩大，病斑中部突起呈黄褐色，随着病程的发展，突起部位的表皮破裂，露出铁锈色粉末（夏孢子堆和夏孢子）（图2-5）。夏孢子堆直径为0.3～2.0mm，叶面和叶背均可产生。叶片被夏孢子堆密集分布和覆盖后，很快变黄干枯。与花生早斑病、花生晚斑病、花生网斑病为害花生叶片导致落叶的症状不同，花生锈病只导致叶片枯死但不脱落，严重时可导致植株连片枯死，远望如火烧状。病害严重时，症状也可从叶片蔓延到茎部、荚果等部位，托叶上的夏孢子堆稍大，叶柄、茎和果柄上的夏孢子堆呈椭圆形，长1～2mm，果壳上的夏孢子堆圆形或不规则形，直径为1～2mm，夏孢子数量较少。花生锈病症状较重的花生植株在收获时果柄易断、落果。

图2-5　花生锈病为害症状（廖伯寿　提供）

（二）病原特征

花生锈病的病原菌是落花生柄锈菌（*Puccinia arachidis*），属于担子菌门（Basidiomycota）柄锈菌目（Pucciniales）柄锈菌科（Pucciniaceae）柄锈菌属（*Puccinia*）。

落花生柄锈菌的生活史中存在夏孢子和冬孢子，夏孢子是该病菌的无性世代，冬孢子是其有性世代。落花生柄锈菌的冬孢子曾在美国中部、巴西、印度等地花生叶片上出现，其他地区并不常见，我国田间主要观察到的是该病菌的夏孢子。落花生柄锈菌通常在叶片上形成夏孢子堆，也是最主要的病状。夏孢子堆呈小丘状突起，圆形或椭圆形，初始形成时隐埋在叶片表皮下，表面有一层薄薄的被膜，成熟后孢子堆突出，变成暗橙色，后期被膜破裂，粉末状的夏孢子溢出，散落在孢子堆周围。夏孢子一般呈椭圆形或卵圆形，橙黄色，壁厚1μm，表面有细刺（图2-6），大小为22～29μm×16～22μm，孢子的中轴两侧各有一个萌发孔。

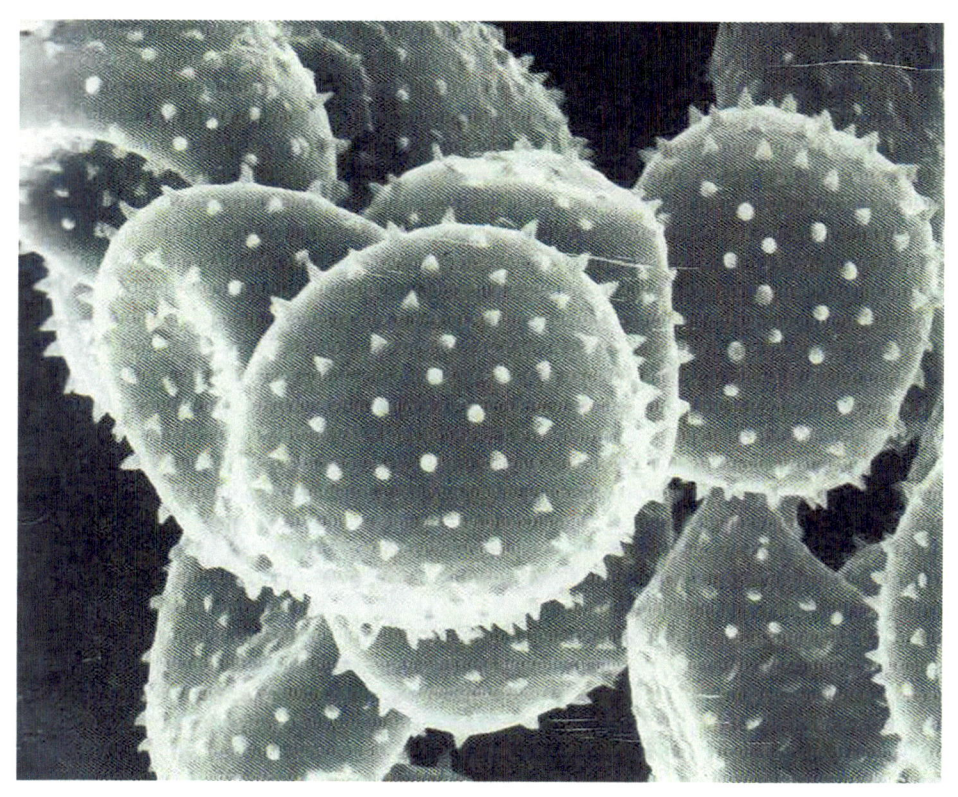

图 2-6　落花生柄锈菌夏孢子电镜图（Kokalis-Burelle et al.，1997）

冬孢子堆一般零星、裸露地分布在花生叶片的下表面，呈栗褐色或暗橙色，冬孢子萌发时变成灰色。冬孢子长圆形、椭圆形或卵圆形，顶端较厚，外壁光滑，大多双胞，偶尔单胞、三胞或四胞，大小为 38～42μm×14～16μm，淡黄色或金黄色。成熟冬孢子萌发无需休眠期。我国很少见到该病菌的冬孢子。

夏孢子萌发温度为 11～33℃，最适温度为 25～28℃，致死温度为 50℃（10min），但在 60℃干热条件下 10min 仍不丧失萌发力。孢子萌发需要高湿度和充足的氧气。在热带地区，夏孢子存活时间很短，如在广州夏季室温下能存活 16～29 天，40℃时可存活 9～11 天，45℃时可存活 7～9 天，冬、春季温度较低时可存活 120～150 天。在人工接种的情况下，夏孢子在叶片上 2h 萌发，6h 在芽管的顶端形成附着胞。

夏孢子只有在有水滴或水膜的情况下才能萌发，无水滴时即使在饱和的湿度下也不萌发。已萌发的夏孢子，在侵入花生叶片组织前如果水膜已干，便失去生活力，即便再置于充足水分环境中，芽管也不能再生长。大多数夏孢子萌发只产生 1 个芽管，极少数能产生 2 个芽管，芽管多为分枝状。新鲜夏孢子在 22℃的水滴中 1h 后开始发芽。在 24～26℃温度条件下，7h 后产生附着胞。在花生叶片上，6h 后产生芽管，12h 后产生侵染垫，24h 后芽管在叶片表面扩展，72h 后开始进入气孔（Leal-Bertioli et al.，2010）。在 22℃温度条件下，15h 后产生侵染丝。在 25～28℃温度条件下，潜伏期为 8～10 天；在 20℃恒温条件下，潜伏期为 13～15 天。光照对夏孢子萌发有抑制作用，黑暗条件下夏孢子萌发良好，即使温度、湿度合适，强烈阳光下夏孢子也不能萌发。夏孢子在缺氧的情况下不萌发。人工接种，在 24℃、12h 光照/12h 黑暗条件下保湿培养，15 天后表现明显的锈病病斑，叶背出现大量的夏孢子堆。

迄今未发现该病菌的小种分化，也未见病菌分离物与花生品种之间的专化性。

二、分布为害

（一）分布

花生锈病是一种世界性病害，在美洲、非洲、亚洲、大洋洲的花生产区均有发生、流行和为害，但超过北纬 30°、南纬 30° 的高纬度地区花生锈病一般不会造成明显的经济损失。在我国，花生锈病主要分布在长江流域及以南的产区，包括广东、广西、海南、福建、四川、江西、湖南、湖北等，长江流域以北的产区如河南、安徽、江苏、山东、河北、辽宁也可见到锈病的发生，但基本不会引起减产。

（二）为害

花生植株发生锈病后，由于叶片提早枯死，失去光合功能从而引起减产，减产程度与病害发生的时期相关，发病越早，损失越严重，在开花下针期受到侵染，减产可达 50% 以上。如果在生长后期（成熟期）才开始发病，损失则较小。锈病除对花生产量有影响外，还可降低出仁率和出油率。落花生柄锈菌除侵染花生外，尚未发现侵染其他寄主植物。

三、流行规律

（一）侵染循环

由于落花生柄锈菌的精子器、锈孢子器和担孢子的寄主未知，该病菌完整的侵染循环尚未完全明确。落花生柄锈菌生活史的主要阶段是夏孢子（图 2-7），依靠夏孢子传播来完成侵染循环。除了南美洲少数国家及印度有落花生柄锈菌冬孢子的报道，多数国家无落花生柄锈菌冬孢子的报道。落花生柄锈菌夏孢子存活时间的长短与温度关系密切，高温下存活时间短，低温下存活时间长。

落花生柄锈菌具有高度的寄主专化性，未发现除花生之外的其他寄主植物，热带地区周年均存在花生植株或病残体，所产生的孢子是重要的侵染源。在我国南方地区，夏孢子可在室内外堆放的秋花生病株上或储藏的果壳上越冬，春花生锈病的侵染源可来自秋花生落粒、病苗、病株和带病荚果。

（二）传播规律

长江流域和北方产区花生锈病的初侵染源主要来自热带地区，夏孢子主要通过季风长距离传播。在田间，落花生柄锈菌孢子主要靠风、气流、雨水或昆虫传播，从而形成多次侵染循环。

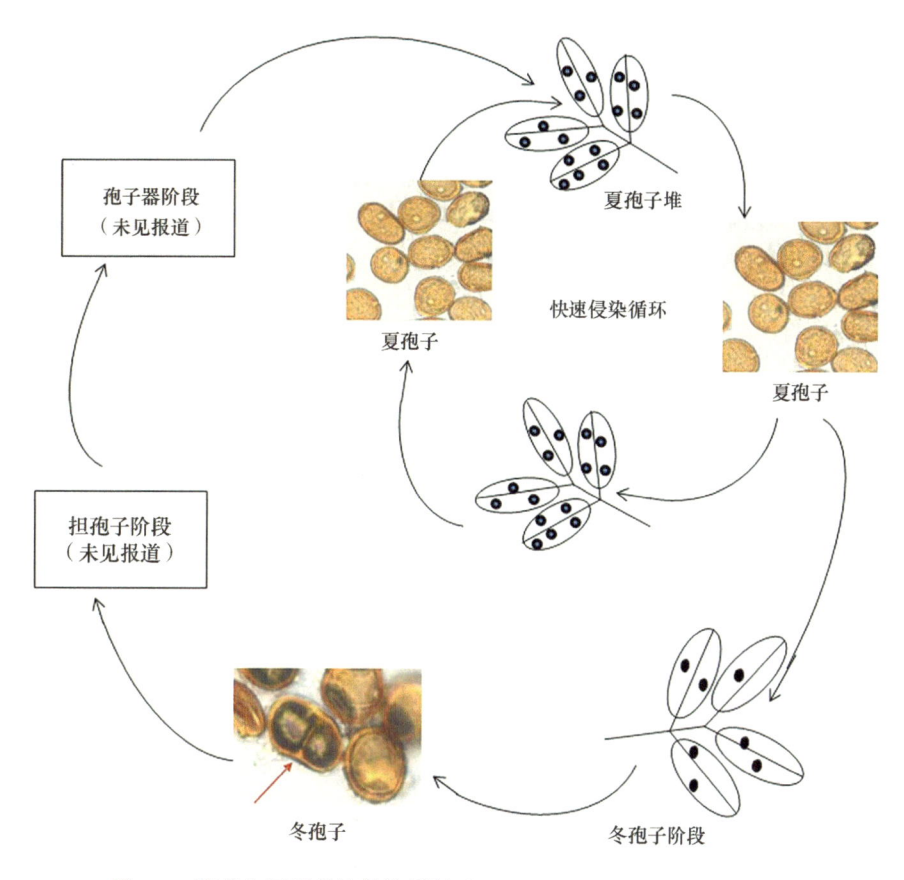

图 2-7　落花生柄锈菌的侵染循环（Mondal and Badigannavar，2015）

（三）流行因素

1. 品种感病性

花生品种之间存在对锈病抗性的广泛差异，其中早熟品种、叶色淡黄的品种相对更为感病，蔓生型、晚熟品种相对耐病。大规模种植感病花生品种容易加重锈病的流行与为害。

2. 菌源数量

越冬菌源的有无和数量、外来菌源的数量及到达时间早晚是影响花生锈病流行与否、为害程度的重要条件。越冬菌源数量主要取决于南方秋花生发病程度和越冬率的高低；秋苗菌量大，冬季气温高，有利于病菌越冬。在没有越冬菌源或越冬菌源极少的地区，如大面积种植感病品种，分生孢子产生的数量多、时间早，可造成锈病在花生中后期流行。

3. 气象条件

温度和湿度是花生锈病发生及流行的主要影响因素。在18～29℃条件下，随着温度升高，潜伏期缩短；低于18℃或高于29℃时，则潜伏期时间延长。叶片上水滴或水膜的有无是孢子萌发的关键，雨水与雾露也是花生锈病流行的主导因素，降雨和雾露天数多，则病害发生重。小雨和阵雨有利于发病，而暴雨不利于发病。水田湿度大，有利于花生锈病的发生；旱坡地湿度小，发病则轻。春花生早播则锈病轻，晚播则锈病重；秋花生早播则病害重，晚播则病害轻。锈病发生严重度与花生生长期清晨的相对湿度、日照时数呈正相关，与夜间相对湿度和风速呈负相关。

4. 栽培条件

在不同播期条件下，花生锈病的发生严重度也有所不同。合理施肥，有利于花生生长，发病较轻；施氮过多或种植密度大，通风透光不良，排水条件差，发病偏重。

四、防控技术

（一）选用抗病品种

花生品种对锈病的抗性存在较大差异，国内外花生抗锈病育种取得了较大进展，尤其是一些野生花生种质抗病性的转育，推动了抗病育种的进展。国际上，ICRISAT 和印度育成了较多抗锈病花生品种。国内也育成了较多抗锈病花生品种，包括中花 4 号、中花 9 号、中花 12、汕油 27、汕油 523、汕油 162、粤油 7 号、粤油 223、粤油 79、湛油 12、湛油 41、湛油 30、湛油 62、仲恺花 1 号等，各地可因地制宜地选用。近 20 年来，南方地区抗锈病花生品种的推广普及在很大程度上降低了菌源数量，从而减少了病菌经热带气旋向长江流域和北方产区的传播，使我国花生锈病危害总体上得到了有效控制。

（二）栽培防治

实施合理轮作，春花生和秋花生不宜连作。花生收获后应及时清除病蔓，减少初侵染源。花生病蔓在播种前应予以合适处理。因地制宜地调节花生播期，合理密植，保持田间通透性较好，高畦深沟，雨后及时清沟排水，降低田间湿度。少施氮肥，增施磷钾肥和石灰，增强花生抗病力。

（三）科学用药

在花生锈病重点流行产区，可在病害发生初期及时喷施杀菌剂，可选用 45% 苯并烯氟菌唑·嘧菌酯水分散剂、24% 噻呋酰胺悬浮剂、19% 啶氧菌酯·丙环唑悬浮剂、40% 福美双·拌种灵可湿性粉剂或 75% 百菌清可湿性粉剂等药剂稀释后喷洒叶片，间隔 7～10 天喷施一次，连续喷施 2 或 3 次，具有较好的防治效果。

撰稿人：廖伯寿（中国农业科学院油料作物研究所）
　　　　陈玉宁（中国农业科学院油料作物研究所）
审稿人：晏立英（中国农业科学院油料作物研究所）

第四节 花生网斑病

一、诊断识别

（一）为害症状

花生网斑病最早可发生于花生的开花下针期，但主要发生在生长中后期。以为害叶片为主，同时茎、叶柄也可受害。一般先从下部叶片开始发生，通常表现两种症状类型：一种是污斑型，初为褐色小点，渐渐扩展成近圆形、深褐色污斑，病斑较小，直径为0.7~1.0cm，近圆形，病斑边缘较清晰，周围有黄色晕圈，病斑可以穿透叶片，但叶背病斑比叶面的小（图2-8A）；另一种是网斑型，病斑较大，直径可达1.5cm，在叶面形成边缘白色网纹状或星芒状、中间褐色的病斑，病斑形状不规则，边缘不清或模糊，周围无黄色晕圈，病斑颜色不均匀，一般不穿透叶面，该类型往往由多个病斑连在一起形成更大的病斑，甚至布满整个叶片（图2-8B）。此外，在我国还发现一种褐斑型，病斑直径为0.1~0.5cm，近圆形，中央黑褐色，边缘清晰，周围有黄色晕圈，可以穿透叶片（图2-8C）。污斑型病斑多出现在高温多湿的雨季，而当外界条件不利时多形成网斑型的症状。上述两种类型病斑可在同一个叶片上发生，可相互融合，扩展至整个叶面。感病叶片可在症状出现后短时间内脱落，田间病害发生严重时，植株叶片快速脱落，只剩茎枝光秆。茎秆、叶柄上的症状初为褐色斑点，后扩展成长条形或长椭圆形病斑，中央凹陷，严重时引起茎叶枯死。

图2-8 花生网斑病为害症状（廖伯寿 提供）
A：污斑型；B：网斑型；C：褐斑型

（二）病原特征

花生网斑病的病原菌是花生亚隔孢壳菌（*Didymella arachidicola*），属于子囊菌门（Ascomycota）格孢腔菌目（Pleosporales）亚隔孢壳科（Didymellaceae）亚隔孢壳属（*Didymella*）。

花生亚隔孢壳菌在燕麦琼脂培养基上于25℃条件下培养，菌落初呈白色，后变成灰白色，平铺，较薄。不同病斑类型的病原菌在PDA培养基上的菌落特征存在差异，其中网斑型病原菌的菌丝致密，灰白色，菌落边缘内侧有轮纹；污斑型病原菌的菌丝致密，灰白色，菌落中央气生菌丝茂盛，菌落边缘菌丝生长也茂盛，内侧无轮纹；褐斑型病原菌的菌丝较稀疏，菌落中央菌丝浅绿色，外围灰白色，菌落边缘菌丝生长茂盛，内侧有轮纹。在气生菌丝中产生球形、表面光滑、褐色的厚垣孢子，直径为7.5~12.5μm。22℃黑暗条件下转至近紫外光照条件下培养，在燕麦琼脂培养基上产孢时间为7~15天，或近紫外光照培养条件下在燕麦培养基或者花生汁液培养基上可产孢。不同菌株产生的分生孢子器数量存在差异。分生孢子器为黑色，球形或扁球形或瓶形，不同分离物产生分子孢子器的时间和数量存在差异。分生孢子无色，球形、近球形或椭圆形，无色透明，单胞或双胞，偶尔三胞，大小为2~4μm×3.3~9.16μm。在麦芽汁培养基上，菌丝生长的适宜温度为5~34℃，最适温度为20~25℃；分生孢子在5~30℃条件下均能萌发，最适温度为20~25℃，低于0℃或高于30℃不能萌发。适宜pH为5~7，孢子萌发率一般在90%以上；pH在2以下和11以上均不能萌发。光照有利于分生孢子的萌发。在自然条件下，病斑组织产生的分生孢子器为黑色，球形或扁球形，埋生或半埋生，具孔口，直径为50~200μm。不同地域来源、不同病斑类型的网斑病菌的致病力存在差异，不同分离物在花生品种间的致病力也存在分化。同一病原菌分离物接种8种豆科作物20~30天后观察，只有花生出现症状，其他植物未发病，说明其专化寄生性较强。

据国外报道，取网斑病发病的花生离体叶片在高湿条件下培养两周可形成子囊壳，在田间自然条件下也可形成子囊壳。子囊壳呈深褐色，球状，有短喙或无喙，单生，直径65~154μm，埋生于寄主表皮下。子囊柱状或棍棒状，多有一个分化的足胞，大小为10~17μm×35~60μm。子囊孢子椭圆形，大小为5~7μm×12.5~16.0μm，有一隔膜，光滑，透明至淡黄色，随成熟而变暗。国内来自河南和山东的两个菌株已完成全基因组测序，基因组大小分别为34.11Mb和47.3Mb。

二、分布为害

（一）分布

花生网斑病是一种世界性病害，已在美国、阿根廷、巴西、澳大利亚、日本、津巴布韦、安哥拉、莱索托、马拉维、毛里求斯、尼日利亚、南非、赞比亚、俄罗斯等国家有过发生的报道。在我国，花生网斑病主要分布在黑龙江、吉林、辽宁、内蒙古、北京、天津、河北、河南、山东、山西、陕西等省（自治区、直辖市），在贵州、四川、湖北也有发生。

（二）为害

花生植株受花生亚隔孢壳菌侵染后，叶绿素含量明显下降，随着病害的进一步扩展和蔓延，叶片的光合作用降低，导致快速大量落叶，最终导致花生籽粒充实受阻，严重影响产量，一般可减产10%~20%，严重的可达30%以上。若花生网斑病和其他叶部病害混合发生，则造成的产量损失可达50%以上。花生网斑病的为害严重度在不同年份间存在较大差异。

三、流行规律

（一）侵染循环

花生亚隔孢壳菌以菌丝、分生孢子器、厚垣孢子或分生孢子等在花生病残体上越冬，为第二年的初侵染源。据国外报道，病害初侵染源还有病菌的子囊孢子。条件适宜时，分生孢子借助风雨、气流传播到寄主叶片，萌发产生芽管并直接侵入，菌丝以网状在叶片表皮下蔓延，杀死邻近的细胞，形成网状坏死症状。菌丝也能伸入表皮组织，随着菌丝大量生长引起细胞坏死，产生典型坏死斑块症状。发病组织上产生的分生孢子经风雨传播，在田间扩散引起反复再侵染，导致病害流行。在北方花生产区，病害一般在花针期开始发生，8~9月是发病盛期，严重地块造成花生多数叶片脱落，显著影响产量。花生收获后，病菌随病残体越冬。

（二）传播规律

花生亚隔孢壳菌可通过气流远距离传播，也可通过机械和农事操作实现较长距离传播，但主要通过多种途径进行田间近距离传播。

（三）流行因素

1. 品种感病性

花生品种之间对网斑病抗性存在差异，但尚缺乏免疫的品种。在不同花生品种上，病害的潜伏期存在差异，一些品种表现为病斑较少、潜伏期长、发病较晚。花生生长前期（如开花期）的潜伏期长于生长后期（成熟期）。种植感病花生品种容易加重网斑病的流行。

2. 菌源数量

越冬菌源的有无和数量是影响网斑病流行和为害程度的重要因素。越冬菌源的数量主要取决于上一年菌源数量、耕作和气候条件。

3. 气象条件

低温和高湿有利于花生网斑病的发生。网斑病的发生程度与生育日数、气温和相对湿度相关。各种因子对网斑病发生的直接效应依次为生育日数＞相对湿度＞气温。发病程度与湿度关系较大，每逢雨后5~10天出现一次发病高峰，干旱胁迫下病害发生平缓，危害轻。北方产区始发期为6月上旬，盛发期为8月末。据辽宁和山东等地观察，病害一般在花生花针期开始发生，8~9月是发病盛期，尤其在生长后期遇到空气湿度大、温度骤降的条件，病害可快速发展和流行。

4. 栽培条件

花生连作和长期种植感病品种可加重网斑病的发生与为害。

四、防控技术

（一）选用抗病品种

选用抗病花生品种是防治网斑病的重要措施之一。对网斑病抗性较好的花生品种有中花 2 号、中花 8 号、豫花 15 号、豫花 65 号、鲁花 9 号、鲁花 10 号、鲁花 11 号、鲁花 14 号、潍花 6 号、潍花 8 号、丰花 8 号、花育 16 号、花育 17 号、花育 19 号、花育 26 号、花育 36 号、锦花 5 号、锦花 7 号、锦花 15 号、青花 1 号、阜花 17 等，可因地制宜地选用。

（二）栽培防治

在花生网斑病常发产区，花生收获后应清除病株、病叶，以减少第二年病害的初侵染源。由于初侵染源主要来自本田，播种时应将杀菌剂与除草剂混配，在花生播种后 3 天内喷洒地面，防病除草效果显著。由于该病菌的寄主范围很窄，越冬分生孢子的生活力不超过一年，与其他作物（如甘薯、玉米、大豆等）合理轮作 1~2 年，可减轻病害的发生。适度深翻土地，将表土残留的病菌翻转至底层，降低初侵染菌源基数，防病效果明显。优化种植模式，垄种及大垄双行种植比平种好。合理肥水管理，增施基肥和磷钾肥，合理灌溉，及时中耕除草，可提高植株抗病力。使用的有机肥要充分腐熟。

（三）科学用药

北方花生产区可在 7 月上中旬开始用杀菌剂、物理保护剂和生物制剂喷洒叶片，可供使用的药剂有 30% 苯醚甲环唑·丙环唑乳油、50% 啶酰菌胺水分散剂、60% 苯唑醚菌酯·代森联水分散剂、60% 苯唑醚菌酯·丙环唑水分散剂、43% 戊唑醇悬浮剂、30% 醚菌酯·啶酰菌胺悬浮剂、10% 苯醚甲环唑水分散剂、25% 吡唑醚菌酯乳油、50% 咯菌腈可湿性粉剂、50% 嘧菌环胺水分散剂。以上药剂混用防治效果更好，可兼治花生其他叶部病害（如晚斑病等）。

撰稿人：廖伯寿（中国农业科学院油料作物研究所）
陈玉宁（中国农业科学院油料作物研究所）
审稿人：晏立英（中国农业科学院油料作物研究所）

第五节　花生焦斑病

一、诊断识别

（一）为害症状

花生焦斑病的为害症状包括焦斑和胡麻斑两种类型，其中以焦斑型症状更为常见。在焦斑型的发病叶片上，叶尖、叶缘处的病斑常呈楔形（似"V"形）或半圆形，有时不规则，病斑初为黄色，逐渐变成褐色，边缘深褐色，外围有黄色晕圈，后期病斑变为灰褐色至深褐色，导致叶片枯死、碎裂，甚至脱落。叶片中部的病斑多为褐色，病斑中部呈灰褐色或灰色，中央有一明显褐点，周围有轮纹（图2-9A），后期病斑上出现许多针头大小的小黑点，即病菌有性子实体（假囊壳）。如果花生收获前遇到多雨、潮湿的天气，则叶片上出现黑色水浸状圆形或不规则形的斑块，病斑变为黑褐色后迅速蔓延到叶柄、茎和果柄。茎和叶柄上的病斑不规则，浅褐色，水浸状，病斑边缘不明显。胡麻斑型是在叶片上形成很多小型病斑，不规则，可覆盖叶片大部分绿色组织（图2-9B）。花生焦斑病在田间有明显的发病中心，首先在某一株或几株上发病，然后向四周扩展，严重时可导致全田发病。

图2-9 花生焦斑病为害症状（晏立英 提供）
A：焦斑型；B：胡麻斑型

（二）病原特征

花生焦斑病的病原菌是落花生小光壳（*Leptosphaerulina crassiasca*），属于子囊菌门（Ascomycota）格孢腔菌目（Pleosporales）亚隔孢壳科（Didymellaceae）小光壳属（*Leptosphaerulina*）。

落花生小光壳的子囊果为假囊壳，散生，内生数个子囊，子囊初无色透明，近卵圆形，成熟时变为黄褐色，子囊内含8个长圆形或椭圆形的子囊孢子。子囊孢子大小一般为26～31μm×9～15μm，浅褐色，有3或4个横隔膜和1或2个纵隔膜，隔膜处缢缩。落花生小光壳在8～35℃的马铃薯葡萄糖琼脂培养基上均可生长，最适生长温度为28℃。

二、分布为害

（一）分布

花生焦斑病是一种世界范围内普遍发生的真菌病害，在中国、阿根廷、澳大利亚、印度、马达加斯加、南非、波多黎各等国家有发生的报道。在中国，以河南、山东、湖北、广东、广西等省（自治区）发病率相对偏高，少数发病严重的田块发病率可达 80% 以上，在急性流行情况下可在很短时间内引起大量叶片枯死，造成严重损失。在多数产区，花生焦斑病仅零星发生，引起的经济损失不大。

（二）为害

病原菌从花生叶尖或边缘侵染引起焦斑症状。当病原菌不是从叶尖或边缘侵染时，通常在叶面产生密密麻麻的小黑点，即胡麻斑症状。胡麻斑型病害发生严重时，花生呈焦灼状枯死，枯死部常可达叶片 1/3～3/4 甚至以上，远望如火烧焦状。花生焦斑病与其他病害如锈病、晚斑病等混合发生时，可加重产量损失。

三、流行规律

（一）侵染循环

病菌以菌丝体和子囊壳在花生病株残体上越冬，第二年花生生长季节子囊孢子从子囊壳内释放出来，通过芽管直接穿入花生叶片表皮细胞，在晴天露水初干和开始降雨时达到扩散高峰。病害潜伏期为 15～20 天，之后病斑上再产生子囊壳和子囊孢子，借助风雨或气流传播。花生生长期内可出现多次再侵染，每次再侵染后随即出现一次发病高峰。

（二）传播规律

病菌子囊孢子借助风雨或者气流进行近距离传播，病残体上的子囊可借助农具或机械进行长距离传播。

（三）流行因素

1. 品种感病性

花生品种间对焦斑病的抗性存在差异，但尚未发现免疫的品种。不同品种的感病严重度有一定差异，仲恺花 1 号、汕油 21、粤油 13 等品种发病较轻，多数花生品种具有一定的耐病性，高度感病品种仅占少部分。由于这一病害总体为零星发生，所以种植感病品种对于病害流行的影响有限。

2. 菌源数量

菌源基数与花生发病程度呈显著正相关，一般连作田、病蔓多的田块发生重。

3. 气象条件

夏季高温高湿、雨水频繁的天气有利于花生焦斑病的发生。

4. 栽培条件

连作花生田、低洼积水、土壤贫瘠、偏施氮肥的田块发病相对严重。

四、防控技术

（一）选用抗病品种

研究已在花生种质资源中观察到焦斑病抗性的差异，育种中经常发现杂交后代分离群体中出现极端感病的株系，或者在人工突变群体中也可观察到极端感病的后代，表明焦斑病的抗性可能受少数互作（互补）基因（位点）的控制，其中极端感病类型为隐性纯合体。然而，迄今国内外尚未系统开展这一病害抗性的系统评价，也未专门针对此病害开展品种选育。生产上可因地制宜地选用抗锈病、抗叶斑病兼抗焦斑病且高产稳产的花生品种，如仲恺花1号、汕油21、粤油13等。

（二）栽培防治

在病害常发区宜实行合理轮作，在水源方便的地区最好实行水旱轮作。合理施肥，增施磷钾肥，不过多、过晚施氮肥。完善田间排灌系统，及时排出田间积水。在花生收获后将病残体集中销毁，减少越冬菌源。

（三）科学用药

在病害常发区可结合其他真菌病害（如早斑病、晚斑病、网斑病等）的防控，从开花期开始喷施农药。可选用的农药包括25%三唑酮可湿性粉剂、10%苯醚甲环唑水分散粒剂、12.5%烯唑醇可湿性粉剂、25%丙环唑乳油、25%咪鲜胺乳油，喷药时加入0.2%展着剂如洗衣粉等。间隔7～10天喷施一次，连续喷施2或3次。

撰稿人：姜晓静（山东省花生研究所）
审稿人：曲明静（山东省花生研究所）

第六节　花生茎腐病

一、诊断识别

（一）为害症状

花生茎腐病是一种为害花生茎基部的病害。花生苗期及成株期均可受害，主要在幼苗的胚轴及成株的茎基部第一次分枝以下部位发病，导致植株整体枯萎死亡。花生幼苗出土前即可感病，病菌通常首先侵染子叶，使子叶变黑褐色腐烂，并侵入植株根颈部（下胚轴），产生黄褐色水渍状病斑，致使茎基组织腐烂，地上部萎蔫枯死。在潮湿条件下，病部产生密集的黑色小突起（病菌分生孢子器），表皮易剥落，软腐状。田间干燥时，病部皮层紧贴茎上，呈褐色干腐，髓部干枯中空。成株期主要在开花后发病，主茎和侧枝基部产生黄褐色水渍状病斑，随后茎基部变黑，部分侧枝或全株枯死，病灶部位有时长达 10～20cm，表面密生小黑点。病株近地表处（即病灶部位）茎秆易折断，荚果易腐烂（图 2-10）。

图 2-10　花生茎腐病为害症状（晏立英　提供）

（二）病原特征

花生茎腐病的病原菌是可可毛色二孢（*Lasiodiplodia theobromae*），属于子囊菌门（Ascomycota）葡萄座腔菌目（Botryosphaeriales）葡萄座腔菌科（Botryosphaeriaceae）毛色二孢属（*Lasiodiplodia*）。

常见产生分生孢子器，少见子囊。分生孢子器散生或集生，球形或烧瓶形，在寄主表皮下埋生，成熟后暴露。孢子器直径为 130～300μm，暗褐色至黑色，单腔，壁厚，具孔口。全壁芽生环痕式产孢，分生孢子单个顶生于产孢细胞上，椭圆形、长圆形或卵圆形，基部平截，端部钝圆；未成熟时，无色，单胞，椭圆形，大小为 7～15μm×15～30μm；成熟释放时，孢子转变为暗褐色，双胞，椭圆形，表面光滑（图 2-11）。两种分生孢子都能萌发，具有较强的生活力。分生孢子在 27℃的水滴中经过 105min 即可萌发，2h 能达到 60% 的萌发率，2.5h 芽管长度能达到孢子直径的 8～10 倍。

可可毛色二孢在马铃薯琼脂培养基上菌落呈灰白色，质地疏松，菌丝绒毛状，呈辐射状生长，气生菌丝发达，后期菌落变为灰黑色。菌丝能产生黑色或者红色色素，21 天左右可产生分生孢子座，炭黑色，圆柱形，直径为 1～3mm。在麦粒培养基上易产生分生孢子器和分生孢子。

菌丝体生长温度为 10～40℃，最适温度为 23～35℃，致死温度为 52～56℃（10min）。菌丝在 pH 3～12 时均能生长，生长的最适 pH 为 4～8。光照对菌丝生长的影

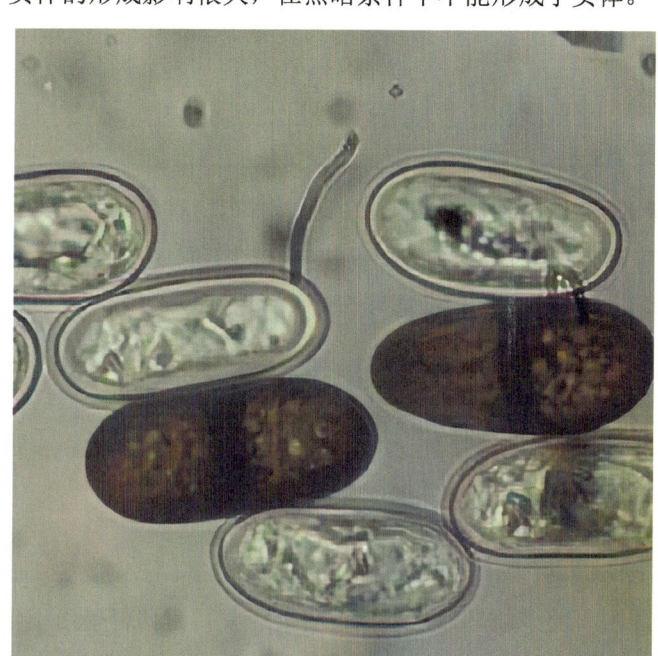

响不大，但对子实体的形成影响很大，在黑暗条件下不能形成子实体。

图 2-11　可可毛色二孢的分生孢子（郭宏参　提供）

二、分布为害

（一）分布

花生茎腐病在世界上多个花生种植区域有发生的报道，包括非洲、南美洲、美国、澳大利亚、印度尼西亚、印度等。在我国吉林、辽宁、山东、江苏、河南、河北、陕西等花生产区发病较为严重。

（二）为害

花生茎腐病在苗期为害导致幼苗死亡，造成缺苗断垄；成株期为害，造成部分枝条枯死或者全株枯死。一般发病地块病株率为 10%～20%，重者可达 50% 以上，多雨年份发病极端严重时可导致颗粒无收。

三、流行规律

（一）侵染循环

可可毛色二孢的菌丝和分生孢子器在土壤中的花生病株残体、果壳和种子上越冬，成为第二年的初侵染源。病株残体和粉碎的果壳饲养牲畜后的粪便以及混有病株残体的未腐熟农家肥也是病害传播蔓延的重要菌源。花生种子是茎腐病远距离、异地传播的重要初侵染源。另外，可可毛色二孢还能在其他感病植物残体上越冬，如棉花、大豆、马齿苋等，因此这些作物也可以是病害发生的初侵染源。可可毛色二孢以分生孢子作为初侵染源与再侵染源，从花生组织表皮或伤口侵入。

（二）传播规律

可可毛色二孢的分生孢子在田间借助风雨、流水或农事操作进行近距离传播和再侵染，通过花生种子调运、交换进行长距离传播，成为异地的初侵染源。

（三）流行因素

1. 品种感病性

尚未发现免疫和高抗茎腐病的花生品种，但品种之间抗病性有一定差异，一般直立型早熟花生品种高度感病，龙生型、蔓生型品种发病相对较轻。

2. 菌源数量

花生种子质量好坏是影响茎腐病发病的主要因素，霉捂种子由于生活力下降及带菌率高，容易引起病害发生。

3. 气象条件

温度、湿度和降水量影响花生茎腐病的发生早晚和严重程度，当5cm土壤温度稳定在20～22℃时，田间即开始出现病株。当5cm土壤温度达23～25℃、相对湿度60%～70%、旬雨量10～40mm时，适于病害发生。花生苗期降雨较多，土壤湿度大，病害发生重，尤其雨后骤晴、气温回升快、植株蒸发量突然变大，可加重病害发生。一般雨水多、湿度大的年份，病害发生较重。花生收获期降雨或收获期遇阴雨天气导致种子不能及时晒干，均会增加种子的带菌量。一般晾晒好的花生种子带菌率为5%左右，田间发病率为3%～4%，而霉捂荚果的带菌率可达50%以上，田间发病率可达25%。山东地区花生茎腐病一般有两次发病高峰：第一次为6月上中旬，花生由团颗期进入开花期发病高峰；第二次为7月下旬至8月上旬，接近花生收获时发病（郭洪参等，2014）。

4. 栽培条件

花生连作田发病重，轮作田发病轻，轮作年限越长，发病越轻。春播花生发病重，夏播花生发病轻。早播的发病重，晚播的发病轻。江苏省农业科学院调查发现，4月22日播种地块中茎腐病造成的死株率为41.4%，5月4日播种的为17.2%，5月15日播种的为10.9%，夏播花生很少发生茎腐病。说明花生苗期茎腐病的发生与环境温度有关，相对较低的温度条件下花生幼苗组织对茎腐病的抵抗能力较差，因而发病更重。土壤结构和肥力好的花生田茎腐病相对较轻，黏质土壤发病重，沙性土壤发病略轻。一般施有机肥多的花生田发病轻，反之发病重。施用带菌的有机肥，病害发生严重。花生田深翻或田间精细管理的田块发病相对较轻。

四、防控技术

防治花生茎腐病首先要把好种子质量关,在保证种子质量的前提下,做好种子消毒,同时还要做好各项农业防治工作。

(一)选用抗病品种

目前尚未发现对茎腐病免疫的花生品种,但不同品种间抗性差异较大。抗性较强的高产花生品种有鲁花13号、花育20号、远杂9102、豫花5号、豫花7号、豫花8号、豫花10号、豫花14号、中花12、中花16等。

(二)栽培防治

1. 保证种子质量

留种用花生要适时收获,及时晒干,安全储藏。播种前选择成熟、饱满的荚果,播前晒种2~3天。北方产区可选用夏播花生留种,这是因为夏播花生发病轻,种子活力强。

2. 实行合理轮作

实行花生与禾谷类非寄主作物轮作,轻病田轮作1~2年,重病田轮作2~3年及以上,避免与棉花、大豆、甘薯等易感病作物轮作。

3. 加强田间管理

花生收后及时清除田间遗留的病株残体并进行深翻,以减少土壤中的病菌积累。增施肥料,不要用带菌的有机肥,要施足底肥,追肥可增施一些草木灰,中耕时避免伤及植株根部和下胚轴。

(三)科学用药

1. 拌种

花生播种前,以2.5%咯菌腈、11%精甲霜灵·咯菌腈·嘧菌酯悬浮种衣剂、40%萎锈灵·福美双、70%甲基硫菌灵可湿性粉剂、50%或25%多菌灵可湿性粉剂等拌种,同时兼治立枯病、根腐病和冠腐病。以3%噻呋酰胺+1%咯菌腈+2%精甲霜灵、2%噻呋酰胺+1%嘧菌酯+3%噻虫嗪、27%噻虫嗪·咯菌腈·精甲霜灵拌种,可兼治苗期枯萎病、白绢病和多种地下害虫。

2. 喷药防治

在花生苗期用50%多菌灵可湿性粉剂1000倍液、70%甲基硫菌灵可湿性粉剂800~1000倍液喷雾,有一定的防病效果。用50%多菌灵可湿性粉剂1000倍液,或

70%甲基硫菌灵可湿性粉剂+75%百菌清可湿性粉剂按1∶1的比例混匀配制1000倍液，或利用多菌灵与43%戊唑醇悬浮剂混合喷施，或60%吡唑醚菌酯·代森联可分散粒剂1500倍液，25%咯菌腈或30%噁霉灵800~1000倍液或30%甲霜·噁霉灵在花生齐苗后和开花前各喷施一次，或在发病初期喷施2或3次，着重喷淋花生茎基部。

撰稿人：晏立英（中国农业科学院油料作物研究所）
审稿人：陈玉宁（中国农业科学院油料作物研究所）

第七节　花生根腐病

一、诊断识别

（一）为害症状

花生根腐病是一类由多种镰刀菌侵染引起的世界性病害。花生苗期和成株期均可受到病菌侵染及为害。苗期幼茎基部受侵染后表皮腐烂，叶片枯死脱落，或植株矮化，叶片干枯，主根变褐、侧根脱落，或侧根少而短，如同鼠尾状。由于主根受损，在潮湿环境中主茎近地面处可产生大量的不定根（图2-12）。未枯死的植株开花结果少，且多为秕果。成熟期的根腐病主要发生在结荚期至饱果成熟期，表现为根部须根减少，主根表皮变褐腐烂。

图2-12　花生根腐病为害症状（晏立英　提供）

（二）病原特征

花生根腐病的病原菌是多种镰刀菌，都属于子囊菌门（Ascomycota）肉座菌目（Hypocreales）丛赤壳科（Nectriaceae）镰孢属（*Fusarium*），包括茄病镰孢（*Fusarium solani*）、尖孢镰孢（*F. oxysporum*）、变红镰孢（*F. incarnatum*）、粉红镰孢（*F. roseum*）、

三线镰孢（*F. tricinctum*）、层出镰孢（*F. proliferatum*）、木贼镰孢（*F. equiseti*）、串珠镰孢（*F. moniliforme*）、燕麦镰孢（*F. avenaceum*）等。在田间，花生根腐病是由一种或多种镰刀菌复合侵染引起的，其中，茄病镰孢与苗期根腐病有关，茄病镰孢和尖孢镰孢可导致花生幼苗萎蔫。为害花生的病菌主要是镰刀菌的无性世代。镰刀菌无性世代能产生3种不同类型的孢子，即大分生孢子、小分生孢子和厚垣孢子。镰刀菌的大分生孢子为镰刀形、新月形或纺锤形，具3~5个隔膜；小分生孢子单胞，无色，卵形、椭圆形或者圆筒形；厚垣孢子单生或串生，近球形。镰刀菌在PDA培养基上菌丝疏松，不同镰刀菌在培养基上菌落颜色存在差异，有白色、米黄色、粉色、橙色、紫色等。多数菌株在15~33℃条件下均能生长，适宜温度为25~28℃；不同菌株的最适pH不同，多数菌株的最适生长pH为5~7。不同镰刀菌对花生的致病力存在差异。

二、分布为害

（一）分布

花生根腐病在全球花生产区均有发生，包括中国、巴基斯坦、印度尼西亚、美国、阿根廷、津巴布韦、尼日利亚、马拉维、埃及等。在中国，东北、黄淮、长江流域和南方各花生产区均有发生。

（二）为害

根腐病主要为害花生地下部分，包括根系和茎基部。在花生整个生育期均可发生，其中生长前期相对更重。花生出苗前若遇到阴冷潮湿的天气，种子容易受镰刀菌侵染，造成烂种；幼芽未出土前受害，可导致烂芽；幼苗期和成株期为害根部可导致全株枯萎。近些年来，花生根腐病的发生和为害呈上升趋势，一般春花生比夏花生和秋花生发病更重，主要是根腐病易受"倒春寒"的影响。花生根腐病轻则引起5%~8%的减产，重则导致减产20%以上。

三、流行规律

（一）侵染循环

病原菌以菌丝体、分生孢子和厚垣孢子在土壤、病株残体或种子上越冬，成为第二年田间的初侵染源。多种镰刀菌的腐生性强，厚垣孢子在土壤中可存活很长时间。花生荚壳和种子均能带菌，在重病地收获的花生遭遇不良天气的情况下，荚壳带菌率可达70%、种子带菌率可达40%以上。侵入花生后的镰刀菌通过导管在组织中扩展，到达植株地上部后能在受害组织表面产生大量分生孢子，落入土壤中成为再侵染源。

（二）传播规律

病原菌的分生孢子和菌丝体可借助风雨、农事操作和水流等进行传播，也可随种子远距离传播。

（三）流行因素

1. 品种感病性

迄今国内外关于花生根腐病抗性的研究较少，不同花生品种对根腐病的抗性存在一定差异，一般珍珠豆型早熟品种的抵抗力较差。种植高感品种可促进病害的发生。

2. 菌源数量

花生种子带菌率高是发病严重的重要原因，种子带菌在出苗前或出苗后如遇到低温潮湿的环境可造成烂种和死苗。土壤中病菌多则发病重，尤其是前作为敏感作物（如茄科蔬菜等）的田块容易发生。大量施用没有充分腐熟带菌的有机肥，发病也相对严重。连续种植高度感病的花生品种容易增加土壤中的菌源数量和病害压力。

3. 气象条件

气候因素对花生根腐病的发生起着重要作用，降雨和日照时数与花生根腐病的发生发展有密切关系，日照时数较少，低温寡照条件则发病重，苗期遇到连续阴雨天气或土壤出现渍害则容易发病。夏季高温高湿、暴雨骤晴的天气也容易诱导发病。

4. 栽培条件

花生连作可导致土壤中镰刀菌菌群的积累，连作土壤发病重，前茬发病重的重茬地发病更重。氮肥施用过多、种植密度过大、植株长势差的花生易感病。不恰当的耕作，如中耕导致的根系伤害、除草剂引起的根系伤害，均可加重病害的发生。低洼积水地块、土壤黏重和板结地块容易发病。播种期也影响根腐病的发生，一般早播病害发病重，适期晚播可降低根腐病的发病率。

四、防控技术

（一）选用抗病品种

不同花生品种对根腐病的抗性存在一定差异，桂花17、桂花22、粤油22、鲁花6号、鲁花9号、鲁花11号、北京5号、北京9号等有一定的田间抗性。相对而言，高抗青枯病的花生品种对根腐病也有一定的田间抗性。

（二）栽培防治

实行合理轮作，因地制宜地确定轮作方式、作物搭配和轮作年限。长江流域和南方水源充分的地区，最好采用水旱轮作；无水旱轮作条件的地区，需与非寄主作物轮作，如与玉米、小麦等作物轮作，避免与大豆、红薯套种和间作。轻病田隔年轮作，重病田需3～5年或更长时间的轮作。提倡非病田留种，规范晒种，严格选种。加强田间管理，花生收获后及时清除病残体；播种前清洁田园，深翻灭茬。重视施用腐熟有机肥、生物有机肥，减少氮肥施用量。推荐起垄播种，加深垄沟，合理排灌水，防止积水，雨后及时清沟、排水降湿。适期播种，避开"倒春寒"导致的低温寡照，确保一次全苗。

（三）科学用药

1. 种子拌种或包衣

使用 6% 苯醚甲环唑悬浮种衣剂和 15% 苯醚甲环唑微囊悬浮剂 100～200g，或 12% 氟啶胺微囊悬浮剂 160g 对 100kg 花生种子进行包衣；40% 福美双·萎锈灵胶悬剂 200mL 拌种 100kg；10～20mL 2.5% 咯菌腈（适乐时）拌种 25kg；25% 多菌灵可湿性粉剂按种子重量的 0.5% 或 50% 多菌灵可湿性粉剂按种子重量的 0.3% 拌种；4% 精甲·咯菌腈·嘧菌酯悬浮种衣剂 50g 拌种 100kg；35% 精甲霜灵种子处理乳剂 40mL 拌种 100kg，24% 噻虫嗪·种菌唑·精甲霜灵 100mL 拌种 100kg，24% 苯醚甲环唑·咯菌腈·噻虫嗪悬浮种衣剂 160g 拌种 100kg，晾干后播种，均可抑制花生根腐病的发生。

2. 土壤处理

播种前用石灰 300～450kg/hm² 或噁霉灵按 750g/hm² 兑水 450kg 均匀施于地表，进行土壤消毒，可有效杀灭病菌。

3. 药剂喷施

发病初期，用 70% 甲基硫菌灵可湿性粉剂或 50% 多菌灵可湿性粉剂喷施或灌根，或 72.2% 普力克水剂兑水灌根或喷雾，间隔 7 天喷施一次，连续喷施 2 或 3 次。

撰稿人：晏立英（中国农业科学院油料作物研究所）
　　　　陈玉宁（中国农业科学院油料作物研究所）
审稿人：廖伯寿（中国农业科学院油料作物研究所）

第八节　花生白绢病

一、诊断识别

（一）为害症状

花生白绢病是一种世界性土传真菌病害。花生各个生育期均可受病菌侵染。在我国，白绢病多发生在花生生长中期和后期，主要为害植株茎部、果柄及荚果。花生苗期根部发病，茎基部变褐、软腐，出现云纹状病斑；成株期植株受害则茎基部变褐，略凹陷，天气潮湿时，病部生长出白色绢丝状菌丝体覆盖茎基部，菌丝逐渐蔓延至植株中下部茎秆（图2-13A），在分枝间蔓延。后期受害茎基部组织腐烂、皮层脱落，剩下纤维状组织；受害植株叶片褪绿，干枯；受害果柄和荚果呈湿腐状腐烂。土壤潮湿荫蔽时，病株周围土壤表面也布满一层白色菌丝体，菌丝体可向邻近植株快速蔓延。茎秆、荚果和土表的菌丝体中易形成许多油菜籽状菌核,初期白色,后变为黄褐色、褐色至黑色(图2-13B)。

图2-13 花生白绢病为害植株基部症状(A)及其病原的菌核形态(B)(廖伯寿 提供)

(二)病原特征

花生白绢病的病原菌是罗耳阿太菌(*Agroathelia rolfsii*),属于担子菌门(Basidiomycota)淀粉伏革菌目(Amylocorticiales)淀粉伏革菌科(Amylocorticiaceae)罗耳阿太菌属(*Agroathelia*)。

罗耳阿太菌在多种培养基上生长良好。菌核萌发的温度为10~42℃,最适温度为25~30℃;适宜pH为3~8,最适pH为5~6。罗耳阿太菌生长的温度为13~38℃,适温为30℃左右,一般情况下,8℃以下或40℃以上病菌停止生长。罗耳阿太菌生长的pH为1.9~8.8,最适pH为5.9。在PDA培养基上,大多数分离物菌丝生长很快,30℃黑暗培养条件下生长速率为0.47~2.32cm/d。菌丝白色,宽3~9μm,常见锁状联合。菌丝在基物上往往形成菌丝束;能形成菌核,菌核坚硬,表面光滑,呈球形或近似球形,初期白色,后变为黄褐色或黑褐色,菌核内部为灰白色。菌核直径一般为1~2mm,干重为0.14~2.20mg。一般情况下,南方分离物在PDA培养基上产生的菌核数量多、体积小;北方分离物产生的菌核数量少、体积大。该病原菌不产生无性孢子,人工培养和自然环境下通常只产生菌核,有性世代担孢子少见,在营养极端缺乏的人工培养条件下,可产生有性担孢子。从菌丝的分枝顶端形成棍棒状的担子,担子无色,单胞,大小为9~20μm×8~7μm;担子顶端长出4个小梗;小梗无色,牛角状,长3~5μm,每个小梗的顶端生一个担孢子。担孢子无色,单胞,倒卵圆形,顶端圆形,基部略尖,大小为5~10μm×3.6~10.0μm。

我国不同地区花生白绢病菌分离物间的致病力存在差异。病菌分离物可分成不同的菌丝亲和群(mycelial compatible group,MCG),南方省份分离物MCG的数量较多,北方省份分离物MCG的数量较少。分离物根据ITS序列或ISSR产生的条带可以分为不同的组群。病原菌基因组大小约为70Mb,编码约1.7万个基因。

二、分布为害

（一）分布

花生白绢病在世界主要花生产区普遍发生，印度、美国、阿根廷、印度尼西亚、菲律宾、泰国、越南和南非等国家均有报道。在我国历史上，花生白绢病主要分布于长江流域和南方各产区，如江苏、福建、湖南、广东、广西、河南、江西、安徽、湖北等省（自治区、直辖市），但随着气候变暖、耕作制度的改变、感病高产品种的应用，白绢病在北方产区（如河南、河北、山东、辽宁、吉林等）也越来越重。

（二）为害

白绢病菌从花生茎基部侵染，通过病程发展可导致植株部分枝条枯萎或全株死亡，同时引起荚果腐烂，严重影响花生产量和品质。在美国，1988～1994年白绢病造成花生产量年均损失为7%～10%，而在美国南方局部重病地产量损失达80%，仅佐治亚州每年的经济损失就高达3680多万美元。东南亚国家由白绢病导致的花生产量损失为10%～25%，重病地可达80%以上。阿根廷不同年份花生白绢病的发病率为14%～34%。在我国，一般地块花生白绢病的发病率在10%左右，重病地块发病率在30%以上，严重时减产50%以上甚至绝收。

三、流行规律

（一）侵染循环

花生白绢病菌以菌核或菌丝在土壤中或病残体上越冬，大部分分布在1～2cm表土层中。第二年菌核萌发产生菌丝，成为初侵染源，菌核或菌丝萌发产生芽管，从花生根茎基部表皮或伤口侵入，分泌草酸和细胞壁降解酶等物质，使病部组织腐烂，形成初侵染，发病植株上的菌丝向周围扩展，侵染邻近植株。发病后期菌丝体形成菌核，菌核遇适宜条件萌发产生菌丝，重复侵染花生。花生收获时，菌核散落在土壤中或菌丝附着在花生病残体叶片、枝条上越冬。菌核在土壤中可存活几个月至几年。气温是影响白绢病菌的菌核能否存活越冬的关键因素，如在美国北达科他州、艾奥瓦州，因为温度过低，菌核不能存活越冬，但在北卡罗来纳州和佐治亚州菌核越冬存活率均在10%以上。

（二）传播规律

土壤中或花生病残体上的白绢病菌丝和菌核可随农事操作、农用机具、流水和昆虫进行近距离扩散，病原菌也可随花生种子、荚壳、农用机具进行长距离传播。

（三）流行因素

1. 品种感病性

花生品种对白绢病的抗性存在较大差异，迄今对于强致病力菌株尚未发现高抗品种，但对中等致病力菌株已发现具有中等以上抗性的品种。相对而言，现有黑色种皮花生品种对白绢病普遍表现高感。大量种植感病花生品种可加重病害的流行。

2. 菌源数量

白绢病菌的菌核可以在土壤中存活多年，连作土壤中菌核数量的积累可加重病害的流行和严重度。

3. 气象条件

高温、多雨、潮湿条件有利于白绢病的流行，特别是雨后骤晴，受侵染的花生植株更容易表现出症状，出现快速黄化和枯萎死亡。

4. 栽培条件

土质黏重、排水不良、植株生长过茂可导致田间湿度过大，从而促进病菌侵染和植株发病，田间若有局部积水，则容易在积水区域产生明显的发病中心，并出现白绢病与根腐病、茎腐病混合发生的情况。花生长期连作可导致白绢病加重，在安徽调查发现，当年种植花生的地块发病率为0.5%~2%，连种3年的发病率为20%~30%，连种5年的发病率为25%~51%。轮作地发病轻，前茬是水稻或其他禾本科作物的发病较轻。前茬是烟草、马铃薯、甘蔗、甘薯等感病作物的地块发病较重。土壤有机质丰富、落叶多，或植株长势过旺倒伏，则病害加重。前茬秸秆未腐熟还田，可作为病原菌扩繁的基质，使病原菌积累，病害加重。春花生晚播和夏播花生的发病率相对较轻。美国报道一些防治叶部病害（如苯菌灵）的农药散落到土壤中，可影响到土壤中对白绢病菌有拮抗作用的微生物种群，从而加重白绢病的发生。

四、防控技术

花生白绢病的发生与气候、品种、栽培管理有密切关系，实行轮作、改良土壤、加强肥水管理、切断传播途径、药剂拌种、田间药剂喷雾或淋根等措施可有效控制花生白绢病的发生。

（一）选用抗病品种

花生抗白绢病育种尚处于初始阶段，虽然研究发现了花生品种之间的抗性差异，但尚未育成高抗白绢病的高产优质品种，一些品种对中等致病力菌株具有良好抗性（中抗），在生产上具有一定的利用价值，如中花16、鄂花6号、桂花836、泉花7号、泉花9号、闽花8号等，各地可酌情选用。由于黑色种皮花生品种对白绢病普遍表现感病，此类品种应避免在重病地种植。

（二）栽培防治

花生收获后及时清除病残体。上茬作物收获后的秸秆应尽量收集或饲用，减少田间秸秆残留量。花生收获后深翻土壤，减少田间越冬菌源。合理轮作是防治白绢病的有效措施，选择与非寄主作物或禾本科作物实行3~5年轮作，可有效减轻病害。在南方，花生与水稻轮作的防治效果更好。施用腐熟的有机肥。注意防涝排渍，杜绝田间积水，改善土壤通气条件。春花生宜适当晚播，苗期清棵蹲苗，提高植株抗病力。

（三）科学用药

用种子重量0.5%的50%多菌灵可湿性粉剂拌种，或用种子重量0.1%~0.2%的2.5%咯菌腈（适乐时）悬浮种衣剂拌种，或利用含噻呋酰胺的种衣剂拌种。连年发病的田块，花生未封垄前，用24%噻呋酰胺悬浮剂、25%苯醚甲环唑乳油、25%吡唑醚菌酯乳油、25%咪酰胺水乳剂等喷施，可有效降低病害发生率。发病初期，对发病中心进行重点防治，用24%噻呋酰胺可湿性粉剂，或噻呋酰胺与嘧菌酯、吡唑醚菌酯的复配杀菌剂或菌核净·福美双进行全田喷雾，间隔7~10天喷施一次，连续喷施2或3次。使用除草剂具有除草和防病的双重效果，在花生播种时喷洒对白绢病菌核具有毒力的除草剂（如三氟羧草醚、乙氧氟草醚）可有效减少田间初侵染源。

撰稿人：晏立英（中国农业科学院油料作物研究所）
　　　　康彦平（中国农业科学院油料作物研究所）
　　　　徐永菊（四川省农业科学院经济作物研究所）
审稿人：廖伯寿（中国农业科学院油料作物研究所）

第九节　花生果腐病

花生果腐病（或烂果病）是由镰刀菌（*Fusarium* spp.）、腐霉（*Pythium* spp.）、立枯丝核菌（*Rhizoctonia solani*）、罗耳阿太菌（*Agroathelia rolfsii*）、核盘菌（*Sclerotinia sclerotiorum*）、黑曲霉（*Aspergillus niger*）等病原菌侵染引起的一大类花生荚果腐烂的病害。近年研究表明，引起我国荚果腐烂的病原菌主要是镰刀菌、腐霉、罗耳阿太菌和核盘菌，它们既可单独侵染也可复合侵染，引起荚果腐烂。罗耳阿太菌和核盘菌引起的荚果腐烂在相关章节有所描述，本节主要介绍镰刀菌和腐霉引起的花生果腐病。

一、诊断识别

（一）为害症状

病原菌侵染花生的荚果和果柄。发病初期荚果表面或者果针上形成黑褐色、大小不一的斑点，植株根部以及地上部分正常。随着病情发展，斑点逐渐扩展，后期整个荚果和种子腐烂，出现空腔，或者荚果表皮只剩纤维组织（图2-14），根部外表皮正常或略发黑，成熟植株地上枝叶部分不变或深绿（老来青）。果柄受侵染后，病部呈黑褐色，果柄与荚果结合不牢固，荚果易脱落于土壤中。

图 2-14　花生果腐病为害症状（廖伯寿　提供）

（二）病原特征

花生果腐病的病原菌主要是镰刀菌，属于子囊菌门（Ascomycota）肉座菌目（Hypocreales）丛赤壳科（Nectriaceae）镰孢属（*Fusarium*），包括新孢镰孢（*Fusarium neocosmosporiellum*）、尖孢镰孢（*F. oxysportium*）、茄病镰孢（*F. solani*）、木贼镰孢（*F. equiseti*）、厚垣镰孢（*F. chlamydosporum*）、变红镰孢（*F. incarnatum*）、层出镰孢（*F. proliferatum*）等，同时还有属于卵菌门（Oomycota）霜霉目（Peronosporales）腐霉科（Pythiaceae）腐霉属（*Pythium*）的卵菌，如群结腐霉（*Pythium myriotylum*）、德里腐霉（*P. deliense*）等。由于土壤类型、田间气候条件的差异，各地报道的病原菌种类不尽相同。在田间，花生果腐病可由单一病原菌引起，也可由多种病原菌复合侵染引起。据报道，河南内黄县花生果腐病的主要病原是茄病镰孢，其次为群结腐霉；黄淮部分花生产区引起花生果腐病的病原主要为镰刀菌（其中主要为尖孢镰孢、茄病镰孢，占镰刀菌的比例分别为49.56%、37%）。河北石家庄市和保定市的花生果腐病由群结腐霉与茄病镰孢复合侵染引起；河北大名县、新乐市、昌黎县的花生果腐病主要由新孢镰孢侵染引起，分离比例分别为74.1%、78.6%、75.6%。海南和广东韶关市花生果腐病的主要病原为镰刀菌（茄病镰孢和尖孢镰孢）。山东莱西地区和泰安地区的花生果腐病由镰刀菌引起。

二、分布为害

（一）分布

花生果腐病是一类世界性病害，全球各花生产区均有报道。在我国，各个花生产区均有发生和为害的报道。

（二）为害

病原菌主要为害花生地下部分，包括荚果和果针，从结荚期到收获前均能侵染和发病。长江流域及以北的春花生产区，病害始发于7月中旬，导致荚果腐烂或果针腐烂，引起荚果脱落于土壤中。一般年份荚果产量损失10%～20%，严重时减产可达70%以上。

三、流行规律

（一）侵染循环

花生果腐病主要由土壤传播。引起花生果腐病的病原菌大多数为土壤习居菌，以菌丝或菌核或厚垣孢子或卵孢子在土壤或病残体上越冬，部分可以在土壤中营腐生生活。土壤和病残体是花生果腐病的主要初侵染源。花生结荚期，病原菌可侵染荚果表皮和果针，自然孔口和伤口有利于病原菌的入侵，引起病害加重。荚果成熟期多雨、低洼积水和土壤黏重时，花生果腐病发病严重。

（二）传播规律

病原菌可通过种子调运和机械农事操作进行长距离传播，田间可借助风雨、农事操作、流水等进行短距离传播。

（三）流行因素

花生果腐病发病的严重程度受温度、降水量、土壤湿度及花生品种敏感性等因素的影响。发病率随日平均温度的升高和降水量的增加而加重，日平均温度25～30℃是果腐病病原菌侵染荚果的最适温度，在此范围内果腐病发病率与降水量的相关性达到显著水平。果腐病发病率与土壤黏质程度、重茬年限长短、施肥量有关，根际透气性差可促进病害发生。不同花生品种类型对果腐病的抗性存在较大差异，种植高感品种的风险很大。重茬地块发病重，重茬年数越多，土壤中积累的病菌越多，则病害越严重，如连续4年重茬地块病果率可从3%逐年上升到55%，产量损失由16%上升到61%。结荚期到成熟期降雨多，因降雨或灌溉导致的田间积水，可加重果腐病的发生。黄淮花生产区每年7月下旬至8月中旬，如遇高温多雨，则发病重。偏干旱的土地发病较轻，一般透气性较好的砂土地以及含水量较低地块发病轻。人工灌水尤其是在高温条件下抽取温度较低的地下水灌溉，可导致严重烂果。春播花生发病重，夏播花生发病轻。地下害虫危害严重的田块会加重果腐病的发生。高钾（速效钾）低钙（水溶性钙）的碱性砂土或砂壤土发病重。

四、防控技术

（一）选用抗病品种

不同花生品种之间对果腐病的抗性存在较大差异，其中多数抗青枯病品种对果腐病的抗性相对较强。此外，感病性较低的花生品种有花育 20 号、花育 23 号、青花 6 号、花育 9115、唐花 9 号、漯花 18 号、豫航花 7 号等。不同花生品种与不同果腐病菌之间是否存在专化关系尚待研究。

（二）栽培防治

1. 合理轮作

实行花生与单子叶作物、红薯等作物轮作。

2. 合理排灌

花生结荚期和荚果成熟期，遇涝渍要及时清沟排出田间渍水；遇旱小水润浇，切忌大水漫灌，提倡喷灌，以地面湿润为止。喷灌时间宜在 8:00 以前、16:00 以后，避免中午高温下灌水。

3. 防治地下害虫

采取适当措施对地下害虫如蛴螬、金针虫、地老虎等进行防控，减少害虫对荚果表面的伤害。

4. 平衡施肥

增施生物有机肥，或生物有机肥与钙肥联合施用，增施钙肥，减少钾肥施用量。

撰稿人：晏立英（中国农业科学院油料作物研究所）
　　　　陈玉宁（中国农业科学院油料作物研究所）
审稿人：廖伯寿（中国农业科学院油料作物研究所）

第十节　花生青枯病

一、诊断识别

（一）为害症状

花生青枯病是一种维管束细菌性病害。花生整个生育期均可发病，一般开花结荚期达到发病高峰。通常表现为植株主茎顶梢叶开始失水萎垂，早晨叶片张开晚，傍晚提前闭合。1～2 天后全株叶片自上而下急剧凋萎，叶色暗淡仍呈绿色，故称"青枯"（图 2-15）。青枯病引起的枯萎，根与茎不易断裂，植株容易整株拔起，拔起的主根没有须根而呈光滑的鼠尾状。病株主根尖端呈褐色湿腐状，纵切根茎部，导管为黑褐色。挤压切口处，有白色的菌脓溢出。病株上的果柄、荚果呈黑褐色湿腐状。

图 2-15　花生青枯病单株症状（A）与田间集中发病为害（B）（廖伯寿　提供）

（二）病原特征

花生青枯病的病原菌是假茄科雷尔氏菌（*Ralstonia pesudosolanacearum*），属于变形菌门（Proteobacteria）伯克氏菌目（Burkholderiales）伯克氏菌科（Burkholderiaceae）雷尔氏菌属（*Ralstonia*）。

假茄科雷尔氏菌革兰氏染色阴性，短杆状，两端钝圆形，大小为 0.9～2.0μm×0.5～0.8μm，无芽孢和荚膜，极生鞭毛 1～4 根（图 2-16），好气性，菌体内有聚 β-羟基丁酸盐的蓝黑色颗粒。在马铃薯琼脂培养基上培养 2 天后，形成乳白色、圆形、光滑、中央稍凸起、直径 2～5mm 的菌落，有荧光反应，初期边缘整齐，2 天后菌落因具流动性而不规则。随着培养时间延长，菌落周围易产生褐色水溶性色素。

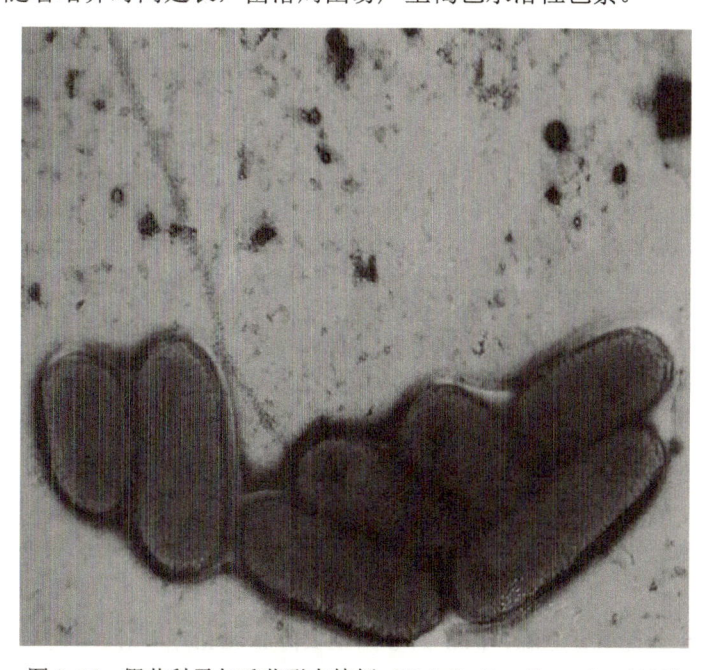

图 2-16　假茄科雷尔氏菌形态特征（Kokalis-Burelle et al.，1997）

在自然界中，青枯菌存在致病型和非致病型两种类型。在含有氯化三苯基四氮唑（TTC）盐酸盐的培养基上，致病型菌落大，圆形，中心粉红色，边缘乳白色，生长2天后边缘不规则，具流动性；非致病型菌落较小，圆形，深红色，边缘整齐，不具流动性。致病型青枯菌菌体有明显的黏质层，非致病型菌体无明显的黏质层。在长期脱离寄主的人工培养条件下，致病型青枯菌的致病力容易丧失，随着菌种在培养基上继代次数增多，致病力下降。

青枯菌生长的温度为10～40℃，最适温度为28～33℃，致死温度为52～54℃（10min）。青枯菌喜欢微酸性的环境，太酸、太碱的环境都不利于其生长，适宜pH为6～8，在pH 5以下生长微弱，在pH 4时死亡。青枯菌能忍耐低盐的环境，可以适应的含盐量为0.1%～0.5%，当含盐量达1%时，生长受到抑制。青枯菌不耐干燥，在干燥条件下10min即死亡。病株暴晒2天后病菌全部死亡。青枯菌也不耐光照。

青枯菌具有丰富的种内遗传多样性，不同地理起源的青枯菌在与寄主长期协同进化的过程中，演化出明显的生理分化或菌系多样性。现有几个分类系统被国际所公认。按不同来源的青枯菌对不同植物种类的致病性差异，划分为5个生理小种（race）。根据青枯菌对不同寄主植物致病性的差异，侵染茄科（包括马铃薯、茄子、番茄、烟草和辣椒）和油料植物的为1号小种，侵染香蕉、大蕉和海里康属等植物的为2号小种，只侵染马铃薯与偶尔侵染番茄和茄子的为3号小种，对生姜致病力强而对其他植物致病力弱的为4号小种，该小种主要分布在菲律宾，对桑树致病力强、对其他植物致病力弱或无致病力的青枯菌命名为5号小种。侵染花生的青枯菌属于1号小种。

根据青枯菌对3种双糖（乳糖、麦芽糖、纤维二糖）和3种己醇（甘露醇、卫矛醇、山梨醇）氧化产酸能力的差异，将青枯菌区分为4个生化变种（biovar，以前称为生化型biotype）：①生化变种Ⅰ，不能氧化3种双糖和3种己醇；②生化变种Ⅱ，只能氧化3种双糖，不能氧化3种己醇；③生化变种Ⅲ，能氧化3种双糖和3种己醇；④生化变种Ⅳ，只能氧化3种己醇，不能氧化3种双糖。侵染桑树的菌株能氧化3种双糖和甘露醇，但不氧化卫矛醇和山梨醇，将其划分为生化变种Ⅴ。目前，侵染花生的青枯菌有生化变种Ⅰ、Ⅲ、Ⅳ型，其中生化变种Ⅰ分布于美国东南部，其他国家的花生青枯菌均为生化变种Ⅲ和Ⅳ。生理效应与生化变种之间并没有严格的对应关系。在中国，侵染花生的青枯菌为生化变种Ⅲ和Ⅳ。

随着分子生物学技术的发展，Prior和Fegan（2005）根据ITS区间、青枯菌Ⅲ型分泌系统调控基因（$hrpB$）和内切葡聚糖酶基因（egl）核苷酸序列分析，将其分为4种演化型（phylotype）：亚洲型（演化型Ⅰ）、美洲型（演化型ⅡA和ⅡB）、非洲型（演化型Ⅲ）和印尼型（演化型Ⅳ）。花生青枯菌属于演化型Ⅰ。根据青枯菌葡聚糖酶序列将青枯菌进一步细分为不同的序列变种，中国花生青枯菌存在多个不同的序列变种，如序列变种13、14、15、17、18、44、48等。

中国花生青枯菌的致病力存在差异。根据青枯菌对6个花生鉴别品种的致病表现，曾划分为7个致病型，南方菌株比北方菌株的致病力强。Ⅲ型和Ⅴ型是占优势的致病型，在南方、北方5个省都有出现，而Ⅰ、Ⅱ型主要分布在北方，Ⅵ、Ⅶ型主要分布在南方。尚未发现花生青枯菌株与花生品种之间有明显的专化性。

不同花生青枯菌根据随机扩增多态性 DNA（RAPD）分析可分为不同的 RAPD 亚组。福建 37 个花生青枯菌根据 RAPD 分析可分为 7 个 RAPD 亚组。花生青枯菌基因组包括染色体和一个质粒，基因组大小为 5.81~5.86Mb，编码 4930~5098 个基因。

二、分布为害

（一）分布

花生青枯病主要分布在印度尼西亚、马来西亚、越南、斯里兰卡、泰国、菲律宾、中国和一些非洲国家，美国曾在 20 世纪 60 年代报道过该病的发生，但之后未出现明显的流行和为害。中国花生青枯病的发病区域主要分布在长江流域和南方省份，包括广东、广西、福建、湖北、湖南、安徽、江苏、四川、重庆、贵州、河南、江西、浙江、海南等。在北方产区，山东临沂地区发病较重，其他地区较轻。随着花生连作种植日趋严重，青枯病发病面积有扩大趋势。

（二）为害

青枯病区占全国花生种植面积的 10% 左右。在 20 世纪 80 年代以前，我国花生青枯病为害程度严重，病区发病率一般为 10%~30%，重病地发病率可达 50%~100%，导致严重减产，甚至完全绝收。在花生的细菌性病害中，青枯病是导致经济损失最大的病害。

青枯菌的寄生范围很广，可以为害番茄、辣椒、茄子、花生、芝麻、蓖麻、生姜、向日葵、萝卜、菜豆、生姜、马铃薯、西瓜、黄瓜、田菁、香蕉、桉树、桑树等超过 50 个科的 400 多种作物、树木和杂草。

三、流行规律

（一）侵染循环

青枯菌主要在土壤中越冬，病土、病株残体和土杂肥是主要的初侵染源，晒干的种子不传带病菌。青枯菌在土壤中能存活 1~8 年，一般 3~5 年仍能保持致病力。花生青枯菌在田间主要依靠土壤、流水及农具、人畜和昆虫等传播到未发病的植株。受侵染的花生植株死亡后，细胞分解，青枯菌又释放到土壤中，经流水侵入附近的植株进行再侵染。

（二）传播规律

青枯菌可通过农业机械进行长距离传播，近距离通过土壤、流水及农具、人畜和昆虫进行传播。

（三）流行因素

1. 品种感病性

花生品种中未发现对青枯病免疫的品种，存在高抗、中抗、低感和高感的抗性差异。青枯菌对抗病或感病花生品种均能侵染，但抗病品种根系和茎中的菌量显著低于感病品种。不同抗病品种在受到青枯菌潜伏侵染后，单株生产力受影响程度不同，有的抗病品种受青枯菌潜伏侵染时单株生产力影响很小，在生产上应用的潜力更大。

2. 菌源数量

花生青枯菌可以在土壤中存活多年，常年连作的土壤菌源积累量大。

3. 气象条件

青枯病菌是一种喜温的细菌，高温有利于病害发生。土壤温度对青枯病的发生有直接影响，土壤温度高，发病迅速。在田间，气温日均稳定在20℃以上，耕作层土层温度稳定在25℃以上6~8天，田间花生植株即开始出现病症。旬平均气温在25℃以上、土壤温度在30℃左右，发病可达到高峰。雨日数及降水量对病害影响很大，时晴时雨、雨后骤晴最有利于病害的暴发。干旱年份病害发生比较集中，主要在持续几天雨日后发病；而降雨持续时间长或雨日分布均匀的年份，病害发生比较缓慢，病情也较轻。

4. 栽培条件

土壤有机质含量低的细砂土或有机质含量高、土质黏重、地下水位高、通透性不良、保水力强的黏土不利于青枯病的发生，而保水保肥力差、有机质含量低的瘠薄土壤如片麻岩、片岩、板岩风化后并经流水的冲刷形成的砂泥土，麻骨土，土层瘠薄，土壤颗粒大、孔隙多，通气性强，呈中性到微酸性，适合好气性青枯菌的生长繁殖，因而有利于发病；局部地区的黏重土壤，只要有一定的通气性，仍有花生青枯病的发生。新种植区或新垦地，极少发生青枯病。旱坡地连年种植花生，病害会越来越重。旱坡地与单子叶作物轮作的年限越长，发病越轻。花生与水稻轮作，青枯病很少发生或不发病。青枯病发生严重的田块，要求水旱轮作2年以上，旱地轮作4年以上。

四、防控技术

（一）选用抗病品种

我国自20世纪70年代中期鉴定出协抗青、台山三粒肉、台山珍珠等抗青枯病花生种质资源以来，利用这些抗源培育出了适应当地生态条件的抗病品种，有效地遏制了青枯病的为害，如中花2号、中花6号、中花21、鄂花5号、鄂花6号、粤油256、粤油202、粤油92、粤油79、粤油114、粤油200、远杂9102、远杂9307、桂花836、桂花21、桂花833、桂油28、泉花646、泉花227、抗青19号（日花1号）、贺油11号、贺油14、贺油15等。近年来，国内还培育了高油酸抗青枯病的品种中花29、中花30、桂花37等，这些品种在自然病地上的存活率为90%以上，各地可因地制宜地选用。抗病品种在各地青枯病区的大面积应用，使田间青枯病发病率降低到5%以下，有效控制了病害（图2-17）。

图 2-17 花生抗青枯病品种的防治效果（廖伯寿 提供）

（二）栽培防治

在有条件的地区进行水旱轮作，是控制花生青枯病的有效措施。在旱坡地花生种植区，可与青枯菌非寄主植物轮作，如玉米、甘薯、高粱、大豆、胡萝卜等，一般轮作2~3年，具有明显的作用。

在青枯病发生区，应注意田间水肥管理。对旱坡地通过深耕、深翻、平整土地、开沟作畦、排出积水、增施石灰和有机肥等措施，可以减轻发病程度。增施硅肥和壳聚糖也可以减轻病害。

撰稿人：廖伯寿（中国农业科学院油料作物研究所）
　　　　晏立英（中国农业科学院油料作物研究所）
审稿人：罗怀勇（中国农业科学院油料作物研究所）
　　　　雷　永（中国农业科学院油料作物研究所）

第十一节　花生疮痂病

一、诊断识别

（一）为害症状

花生疮痂病是由落花生痂囊腔菌（*Elsinoë arachidis*）（无性世代为 *Sphaceloma arachidi*）引起的一种真菌病害，可为害花生叶片、叶柄、托叶、茎、果针和幼嫩荚果。

一般花生植株顶端的叶片和叶柄最先表现症状，在新叶和叶柄上形成大量针尖大小的褪绿斑，病斑在叶面和叶背均有分布，大量分布在叶片中脉附近，受侵染的新叶易内卷。随着病情的发展，叶面的病斑颜色变褐色，叶背病斑变浅褐色，病斑边缘隆起，中部凹陷；后期叶片上病斑中部穿孔，整个叶片粗糙、皱缩、扭曲。在叶背主脉或侧脉上，病斑狭长，连成短条状斑，锈褐色，其表面呈木栓化，粗糙。叶柄和茎上的病斑较叶片上的大，形状不规则，中部下陷，边缘稍隆起，后期呈典型的"火山口状"开裂，患部均表现木栓化疮痂状，潮湿时出现隐约可见的橄榄色薄霉。病害严重时花生茎秆弯曲生长，呈倒"L"或"S"状（图2-18）。果针上的症状与叶柄相同，但有时肿大变形，荚果发育明显受阻。在严重情况下，疮痂状病斑遍布全株，植株严重矮化，荚果少而小，籽仁充实度差。

图2-18　花生疮痂病为害症状（廖伯寿　提供）

（二）病原特征

花生疮痂病的病原菌是落花生痂囊腔菌，属于子囊菌门（Ascomycota）多腔菌目（Myriangiales）痂囊腔菌科（Elsinoaceae）痂囊腔菌属（*Elsinoë*）。

病原菌分生孢子盘为浅盘状，大小为300μm×45μm，初埋生，后突破表皮外露，褐色至黑褐色，盘上无刚毛。分生孢子梗圆形或圆锥形、透明，聚集成栅栏状。分生孢子透明、单胞，长卵圆形至纺锤形，两端钝圆，一端略尖钝，油点1或2个，但多不明显。有大、小两种类型的分生孢子，以小孢子的数量较多。日本、阿根廷和中国报道的分生孢子大小有差异。

病原菌能在PSA培养基、花生和大豆等豆类煎汁培养基上生长，在豆科植物煎汁培养基上长势较好。菌落生长缓慢。在固体培养基上菌落隆起呈肉质块状，表面有皱纹，颜色淡黄色至黑色。在液体培养基中静置培养则产生白色绵状菌丝块，振荡培养产生淡黄色菌丝块，贴壁部分干后变成红褐色。病原菌生长适温为25～30℃，最适温度为25℃，超过30℃生长不良；适宜pH为4～8，在酸性条件下（pH 4～6）生长较好。分生孢子萌发的最适温度为25℃，致死温度为47℃（10min）。

病原菌可产生毒素（痂囊腔菌素）作为致病因子，在病菌侵染和病斑扩展过程中发挥重要作用，痂囊腔菌素的积累量与致病性呈显著正相关。毒素具有强烈的细胞毒性和致病性，能够在花生组织上引起类似由病原菌导致的症状。不同的菌株产毒量存在明显差异。光照条件有利于毒素产生，黑暗条件下病原菌无法产生毒素。

落花生痂囊腔菌基因组大小为31.71～33.18Mb，编码9174～9435个基因。

二、分布为害

（一）分布

花生疮痂病在世界各地均有报道。在我国，该病害首次于1992年在广东花都春花生上大暴发，迄今已成为各产区广泛发生的重要病害之一，在广东、广西、福建、海南、江西、江苏、河南、湖南、湖北、山东、辽宁、吉林、四川、重庆、贵州、云南均发现了该病害的发生和局部流行，但不同年份间发病程度差异较大。

（二）为害

疮痂病主要为害花生地上部分，导致被害植株较正常植株明显矮缩，营养生长受阻。若发病部位在子房柄，则会导致肿大变形，影响荚果发育和产量。在田间条件下，花生疮痂病呈簇状分布，有明显的发病中心，发病中心内的发病率可达90%以上，一般可导致减产10%～15%，发病早、发病重者可减产30%～50%甚至更高。在发病较早而疏于防治的田块，花生荚果少而小，产量与质量均受到严重影响。

三、流行规律

（一）侵染循环

落花生痂囊腔菌（疮痂病菌）迄今仅见侵染花生，但可能存在其他寄主植物（含杂草）。病菌以菌丝体或者厚垣孢子随花生病残体在田间土表越冬，是第二年主要的初侵染源。厚垣孢子也可黏附在荚果上越冬。越冬的花生疮痂病菌在第二年春季或者夏季当气温达16℃以上时产生分生孢子，分生孢子借助风雨传播，落到花生植株上，分生孢子萌发的芽管在花生叶片或其他组织表面伸展，从气孔、伤口或直接从表皮侵入，在表皮细胞间和表皮细胞的下层组织蔓延，吸取营养，完成侵染过程。病原菌在花生叶片上的潜伏期为2.5～4天，后期在病斑表面形成分生孢子盘，产生大量的分生孢子。分生孢子借助风雨传播，进行再次侵染。该病害具有潜育期短、再侵染频率高、孢子繁殖量大的特点。感病花生品种的荚果带菌率较高，病原菌通过种子调运进行远距离传播，可使发病区域不断扩大。花生收获后，病原菌在病残体、荚果和土壤中越冬。

（二）传播规律

病菌分生孢子借助气流、昆虫、雨水在田间近距离传播到相邻的健康植株。病原菌也可借助种子调运、引种等长距离传入新的种植区从而导致病害扩散。

（三）流行因素

1. 品种感病性

未发现免疫和高抗的花生品种，不同品种间田间感病性存在差异。田间大量种植感病品种可促进病害的发生。

2. 菌源数量

越冬菌源数量影响病害的流行。菌源也可随花生种子被引入新的病区，导致新区疮痂病的流行。

3. 气象条件

充足的降雨和湿润是该病发生流行的主导因素。持续多雨、寡照天气、气温偏低有利于病菌的繁殖和传播。该病害在南方花生产区多发生在4～6月，长江流域、黄淮和东北花生产区多发生在6～8月。在开花下针期，病害暴发的早晚受雨量的影响，一般雨季早、雨量偏多，则发病早；雨季迟、雨量少，则发病迟、发病轻。南方春花生出苗后，旬均温20℃、雨日5天左右即可发病，发病中心产生的分生孢子通过雨水和气流向附近植株传播。山东6月上中旬，日平均气温达16℃以上、相对湿度超过60%时，田间开始发病，随着温度升高、降水量增大，病害快速扩散至叶柄、茎部。

花生疮痂病能否流行取决于感病品种开花下针期与降雨的吻合程度，感病品种开花下针期的雨日达3天以上，病害就可能流行；开花下针期持续降雨或持续暴雨，可导致疮痂病迅速蔓延和大面积暴发成灾。病菌只侵染感病品种的幼嫩组织，新叶尚未展开前最感病。果针和尚未入土的幼嫩荚果也能受侵染。随着组织老熟，感病性降低。

4. 栽培条件

多年连作重茬、耕作管理粗放、田间杂草多、缺少有机肥、氮肥施用过多的田块发病重。水田和旱地病害无明显差异，瘠薄地和肥沃地上发病也无明显差异。

四、防控技术

（一）选用抗病品种

国内外尚未发现免疫和高抗的花生品种，徐花8号、贺油13号、中花12、濮花28号、湛油62、粤油9号、鲁花11号、豫花15号、花育16号、花育17号、潍花8号、阜花17号、新花1号、新花2号和铁引花2号等品种具有一定的田间抗性。种植花生时尽量选择丰产且具有一定抗性的品种，避免单一品种的大面积种植。

（二）栽培防治

由于花生种子可以携带疮痂病菌，应选择无病田的花生留种，减少病害初侵染源。田间病残体、花生收获后的秸秆等应集中烧毁；加工场地的花生壳应在播种前处理完毕。不施用未经腐熟的肥料。长江流域和南方产区宜与水稻轮作，其他产区旱地可与玉米、甘薯等作物轮作。适当增施磷钾肥，控制氮肥施用量，培育壮苗，增强植株的抗病能力。

（三）科学用药

1. 拌种

用种子重量 0.5% 的 50% 多菌灵可湿性粉剂，或种子重量 0.2% 的 60% 吡唑醚菌酯·代森联水分散粒剂，或 10% 苯醚甲环唑可湿性粉剂均匀拌种，随拌随用。

2. 喷药预防

花生出苗后 7~10 天，利用 60% 吡唑醚菌酯·代森联水分散粒剂、10% 苯醚甲环唑可湿性粉剂、32.5% 苯醚甲环唑·嘧菌酯悬浮剂、70% 甲基硫菌灵可湿性粉剂等喷施，可预防花生疮痂病的发生。

3. 喷药防治

当花生疮痂病普遍发生和具有流行风险时，需要及时喷施杀菌剂进行防治。为了提高防效，需在疮痂病的始发期进行药剂防治，间隔 7~10 天再喷施一次。可选用的药剂及用量：70% 甲基硫菌灵可湿性粉剂每公顷用药 450~900g，加水 450~750L；10% 苯醚甲环唑可湿性粉剂 450g，兑水 450L；60% 吡唑醚菌酯·代森联水分散粒剂、30% 苯甲·丙环唑乳油、43% 戊唑醇悬浮剂、40% 氟硅唑乳油、25% 嘧菌酯悬浮剂喷雾防治效果均较好。

撰稿人：晏立英（中国农业科学院油料作物研究所）
审稿人：罗怀勇（中国农业科学院油料作物研究所）

第十二节　花生条纹病

一、诊断识别

（一）为害症状

花生条纹病是由菜豆普通花叶病毒（*Bean common mosaic virus*，BCMV）引起的一种病毒病，又称花生轻斑驳病。感染 BCMV 的花生开始在顶端嫩叶上出现清晰的褪绿斑和环斑，随后发展成浅绿色与绿色相间的轻斑驳、斑驳、斑块、沿叶侧脉绿色条纹以及橡树叶状花叶等症状，通常一直保留到生长后期（图2-19）。除种传苗和早期感染病株外，病株一般不明显矮化，叶片不明显变小。白沙1016等珍珠豆型花生品种感病后叶片稍皱缩，症状明显，而花37等普通和中间型品种的症状较轻，多粒型花生品种可产生明显的环斑症状。田间仅零星发生的条纹病坏死株系引起花生叶脉坏死和产生黄斑，叶柄下垂，严重时顶芽坏死、叶片脱落，植株明显矮化。

图2-19 花生条纹病引起的沿叶侧脉绿色条纹症状（许泽永 提供）

（二）病原特征

花生条纹病的病原是菜豆普通花叶病毒（BCMV），曾被报道为花生条纹病毒（*Peanut stripe virus*，PStV），属于小RNA病毒门（*Pisuviricota*）马铃薯病毒目（*Patatavirales*）马铃薯Y病毒科（*Potyviridae*）马铃薯Y病毒属（*Potyvirus*）。

BCMV的病毒粒子为线状，长750～775nm，宽12nm（图2-20）。病毒体外稳定性状：致死温度为55～60℃（10min），稀释限点为10^{-4}～10^{-3}，存活期限为4～5天。

图2-20 菜豆普通花叶病毒的病毒粒子（许泽永 提供）

BCMV 主要侵染豆科植物。除花生外，BCMV 在自然条件下还能侵染大豆、芝麻、长豇豆、扁豆、鸭跖草、白羽扇豆等 17 种植物；在人工接种的情况下，BCMV 还侵染望江南、决明、绛三叶草、克利夫兰烟、苋色藜、灰藜、昆诺藜、绿豆、紫云英等植物。

BCMV 在病组织细胞质内产生卷筒类型风轮状内含体，归类于 Edwardson 划分的马铃薯 Y 病毒属病毒内含体类型Ⅰ。在血清学性质上，BCMV 与黑眼豇豆花叶病毒（BlCMV）、大豆花叶病毒（SMV）、三叶草黄脉病毒（CYVV）、红豆花叶病毒（AzMV）有明显亲缘关系，与花生斑驳病毒（PeMoV）无血清学亲缘关系。

BCMV 通过花生种子和蚜虫以非持久方式传播。花生种子的子叶和胚均带毒，种皮通常不带毒。花生种传率较高，达 0.5%～10.6%。

BCMV 基因组为正单链 RNA，全长 10 056～10 076nt，含 1 个大的开放阅读框（open reading frame，ORF），被翻译成单个聚合蛋白，加工后产生的 8 种蛋白及其大小分别为：P1 蛋白，48kDa；辅助成分蛋白酶（HC-Pro），51kDa；P3 蛋白，38kDa；细胞质/柱状内含体（CI）蛋白，70kDa；病毒编码与基因组连接（NIa-VPg）蛋白，21kDa；核内含体蛋白 a（NIa-Pro），27kDa；核内含体蛋白 b（NIb），57kDa；外壳蛋白（CP），32kDa。BCMV 基因组含有与其他马铃薯 Y 病毒属一致的保守序列，但特殊的是 P1 蛋白 C 端的氨基酸保守序列由马铃薯 Y 病毒属基本一致的 FI(V)VRG 变为 FMIIRG。

BCMV 存在株系分化。我国 BCMV 划分为轻斑驳、斑块、坏死 3 种症状类型株系，斑块株系引起的症状重于轻斑驳株系，而轻斑驳株系田间发生最为普遍。

虽然 BCMV 株系在血清学上没有明显差异，但它们的 CP 基因和 3′-UTR 序列一致性存在差异，反映出遗传亲缘关系的差异。来源于泰国、印度尼西亚、中国、美国和南非等国家和地区的 28 个不同症状类型 BCMV 株系 CP 基因序列变异，地域间最大差异为 7.3%，地域内最大差异为 3.1%。地域间，如泰国和印度尼西亚变异为 4.9%～7.3%，中国和泰国为 4.5%～6.3%，中国和印度尼西亚为 2.3%～3.1%，都存在较大的变异；地域内变异相对较小，中国为 0～0.5%，印度尼西亚为 0～2.1%，泰国为 0.1%～3.3%。BCMV 株系地域间遗传变异明显大于地域内，表明 BCMV 在国家和地区内是独立进化的。74 个中国 BCMV 分离物 CP 基因序列的核苷酸一致性为 98%～100%，氨基酸一致性为 98.3%～100%。依据亲缘关系，中国和美国分离物组成ⅠA 亚组，印度尼西亚分离物为ⅠB 亚组；越南和泰国分离物组成Ⅱ组。中国 BCMV 分离物全基因组序列全长为 100 056nt，包含一个 9669nt 开放阅读框（ORF），编码 3222 个氨基酸。

二、分布为害

（一）分布

花生条纹病广泛分布于东亚和东南亚，包括中国、印度、印度尼西亚、马来西亚、日本、韩国、缅甸、泰国、越南等。在美国、阿根廷、肯尼亚、塞内加尔也有发生的报道。该病害在国内广泛流行于北方花生产区，包括山东、河北、辽宁、陕西、河南、江苏、安徽、北京等省（直辖市）的花生产区。

（二）为害

20世纪80~90年代该病害在田间发病率一般在50%以上，不少地块可达100%，但在南方和多数长江流域花生产区仅零星发生。一般引起花生减产5%~10%，但早期感病可以造成20%左右的产量损失。由于该病害流行范围广，发生早，发病率高，是影响花生生产的重要病毒病。在花生和大豆、芝麻混作地区，BCMV可以从发病的花生植株传播到邻近的大豆、芝麻，也可给这两种作物的生产造成损失。

三、流行规律

（一）侵染循环

BCMV通过带毒花生种子越冬，花生种传病苗是病害的主要初侵染源。春季，病害通常在花生出苗10天后开始发生，这时多为种传病苗。病害被蚜虫以非持久性传毒方式在田间传播，传播效率高，但传播距离短。发病初期可以观察到由种传病苗形成的发病中心，然后迅速在全田扩散。据在北京、徐州和武昌等地的观察，病害在花生开花期形成发病高峰，随流行年份的不同，历时半个月至一个多月达80%以上的发病率。

（二）传播规律

花生生长季内BCMV传播距离通常在100m以内。花生上的BCMV也可向邻近的大豆、芝麻以及杂草寄主植物传播。可随种子调运和引种长距离传播到新的产区。

（三）流行因素

1. 品种感病性

花生品种对BCMV感病程度存在差异。一些花生品种（如海花1号、徐州68-4、花37等普通或中间型品种）感病程度低，种传率也较低，田间发病较迟，病害扩散较慢；而伏花生、白沙1016等珍珠豆型品种感病程度高，种传率高，发病早、扩散快。

2. 菌源数量

（1）种子传毒

该病毒的种传率高低直接影响病害流行程度，种传率高的地块，发病早，病害扩散快，损失也重。病毒种传率高低受花生品种、病毒侵染时期的影响。海花1号等普通型或其他型花生品种种传率低，而白沙1016等珍珠豆型品种种传率高。早期发病的花生，种传率高，开花盛期以后发病的荚果种传率明显下降。地膜覆盖花生的病害轻，种传率也低。大粒种子带毒率低，小粒种子带毒率高。

（2）蚜虫传毒

豆蚜、桃蚜等多种蚜虫均能以非持久性传毒方式传播该病毒。花生田间蚜虫发生早晚、数量及活动程度与病害流行程度密切相关。传播病毒的主要是田间活动的有翅蚜。

3. 气象条件

在气象因素中，花生苗期降水量与蚜虫发生和病害流行密切相关。凡花生苗期降雨多的年份，蚜虫少，病害也轻；反之，病害则重。

4. 栽培条件

靠近村庄、果园、菜园或杂草多的花生地，蚜虫多，病害也重。

四、防控技术

（一）选用抗病品种

迄今尚未发现免疫和抗病的栽培花生品种，野生花生资源中 *Arachis glabrata* PI262801 和 PI262794 对 BCMV 表现免疫。栽培品种间感病程度和种传率存在差异，花37、豫花1号、海花1号等品种的感病性低。花生对 BCMV 种传的抗性存在明显差异，未发现不种传的花生材料。通常珍珠豆型花生种传率高，普通型品种较低。BCMV 外壳蛋白的 RNAi 转基因烟草对 BCMV 存在抗性。

（二）栽培防治

1. 选用无毒种子

无毒花生种子可以由无病地区调入或本地隔离繁殖。轻病地留种或播前粒选种子，减少种子带毒率，也可以减轻花生条纹病的发生。

2. 采用地膜覆盖栽培

应用地膜覆盖既是一项丰产栽培措施，又具有驱蚜和减轻花生条纹病的作用。

3. 减少蚜虫传毒

清除田间和周围杂草，减少蚜虫来源并及时防治蚜虫。

4. 病害检疫

我国南方花生产区该病仅零星发生，因此应防止从北方病区向南方大规模调种，以免将病毒带到南方。

（三）科学用药

利用吡虫啉防治蚜虫，预防蚜虫将病毒传播到没有感染的花生植株上。

撰稿人：许泽永（中国农业科学院油料作物研究所）
审稿人：晏立英（中国农业科学院油料作物研究所）

第十三节　花生黄花叶病

一、诊断识别

（一）为害症状

花生黄花叶病是由黄瓜花叶病毒中国花生株系（*Cucumber mosaic virus* China Arachis Strain，CMV-CA）引起的一种花生病毒病，是为害我国花生生产的重要病害之一。CMV-CA 侵染花生植株后，最初在植株顶端嫩叶上出现褪绿黄斑、叶片卷曲，随后发展为黄绿相间的黄花叶、花叶、网状明脉、绿色条纹等各类症状（图 2-21）。受侵染的花生植株通常叶片不变形，病株中度矮化。病株结荚数减少、荚果变小。病害发生后期，有隐症趋势。

图 2-21　花生黄花叶病为害症状（许泽永　提供）

（二）病原特征

花生黄花叶病的病原是黄瓜花叶病毒中国花生株系（CMV-CA），属于黄色病毒门（*Kitrinoviricota*）马尔特里病毒目（*Martellivirales*）雀麦花叶病毒科（*Bromoviridae*）黄瓜花叶病毒属（*Cucumovirus*）。

CMV-CA 的病毒粒子为球状，中心呈暗色，直径为 28.7nm（图 2-22）。体外存活期限为 6~7 天，致死温度为 55~60℃（10min），稀释限点为 10^{-3}~10^{-2}。

CMV-CA 基因组为正单链 RNA，由三组分构成。RNA1 全长 3356nt，含一个 ORF，编码 993 个氨基酸、分子量为 111kDa 的 1a 蛋白，5′-UTR 为 95nt，3′-UTR 为 279nt。RNA2 全长 3045nt，含两个 ORF，编码 858 个氨基酸、分子量为 96.7kDa 的 2a 蛋白和编码 111 个氨基酸、分子量为 13.1kDa 的 2b 蛋白，5′-UTR 为 95nt，3′-UTR 为 279nt。RNA3 全长 2219nt，含两个 ORF，编码 279 个氨基酸、分子量为 30.5kDa 的 3a 蛋白和

编码218个氨基酸、分子量为24kDa的外壳蛋白（CP），5′-UTR为122nt，3′-UTR为302nt，*3a*和*CP*基因间区域长298nt。3a蛋白与病毒在细胞间的运转相关。此外，含有亚基因组RNA4（1.0kb）和RNA4A（0.7kb），RNA4编码病毒外壳蛋白，RNA4A编码2b蛋白（15kDa），是寄主沉默的抑制子。

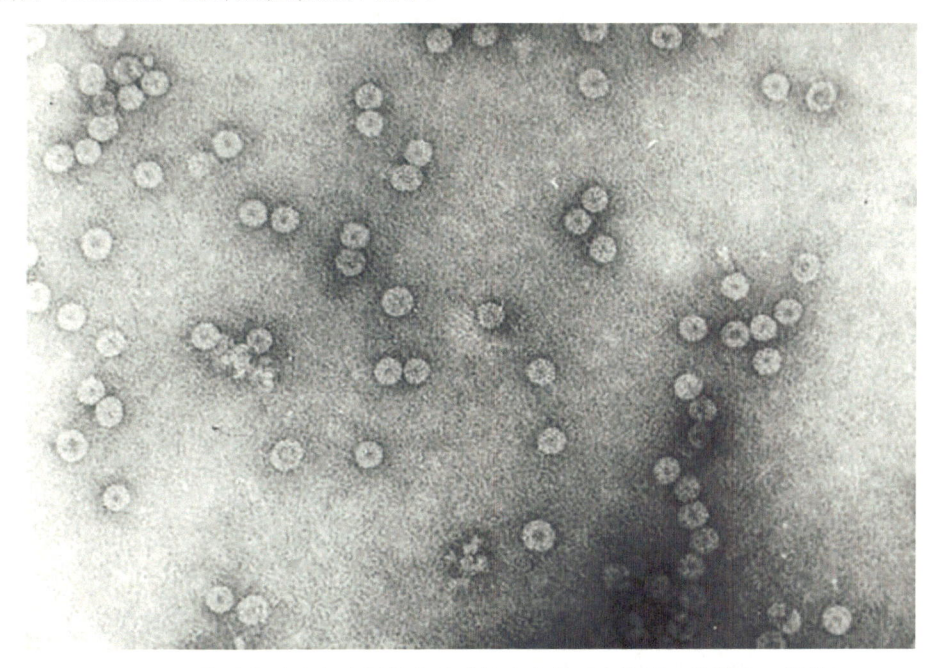

图2-22 黄瓜花叶病毒中国花生株系的病毒粒子电镜图（许泽永 提供）

CMV-CA RNA1与CMV亚组ⅠA CMV-Fny、亚组ⅠB CMV-SD、亚组Ⅱ CMV-Q株系的序列一致性分别为91.3%、91.1%、76.5%，RNA2分别为92.1%、90%、71.2%，RNA3分别为96.1%、92.6%、74.5%。对CMV-CA RNA3 5′-UTR和CP系统进化树分析表明，CMV-CA属于CMV亚组ⅠB，与我国CMV-SD和K株系关系最近。

在田间发现引起花生严重矮化的强毒力株系CMV-CS寄主范围与CA株系相似，蚜传效率低于CA株系，血清学性质和CA株系非常相近。CS与CA株系RNA1、RNA2、RNA3的序列一致性分别为98.4%、98.9%、96.7%。

在人工接种条件下，CMV-CA可以系统侵染花生、望江南、绛三叶草、长豇豆、菜豆、刀豆、扁豆、豌豆、蚕豆、金甲豆、克利夫兰烟、白氏烟、普通烟、心叶烟、酸浆、茄子、千日红、长春花、百日菊、甜菜、菠菜、玉米，引起花叶、黄花叶、坏死、矮化等症状。隐症侵染番茄和黄瓜。局部侵染白藜、苋色藜、昆诺藜、绿豆、曼陀罗，在接种叶上产生褪绿斑和坏死斑。不侵染大豆、小麦、白三叶草、红三叶草、杂三叶草。

鉴别寄主：花生，在新叶上产生褪绿斑和卷曲，随后表现黄花叶，植株矮化；苋色藜，接叶出现大量针状褪绿斑，有的中心枯死呈白色，无系统侵染；黄瓜和番茄，隐症侵染；大豆，不侵染。

CMV-CA通过花生种子和豆蚜、桃蚜等多种蚜虫以非持久性方式传播，田间花生病株种子的种传率为1.3%左右。

二、分布为害

（一）分布

该病害在中国、韩国和阿根廷有发生的报道。国内20世纪80年代调查发现花生花叶病广泛分布于辽宁、河北、山东、北京等省（直辖市）。

（二）为害

该病害的流行年份发病率可达80%以上，并常与花生条纹病混合流行。早期感病可导致花生减产30%～40%。

三、流行规律

（一）侵染循环

CMV-CA通过带毒花生种子越冬，带毒种子成为第二年病害的主要初侵染源。种传花生病苗出土后即表现症状，病毒由蚜虫在田间迅速扩散。

（二）传播规律

CMV-CA通过带毒花生种子进行近距离和远距离传播；田间可通过蚜虫进行近距离传播，从发病植株传播到周围健康植株。

（三）流行因素

1. 品种感病性

未发现免疫和高抗的花生品种，不同品种间对CMV-CA的抗性有显著差异，如鲁花11号、鲁花14号品种有较强的田间抗性，发病轻；而鲁花10号、白沙1016感病，发病重。在同一地区，因花生品种对病害的抗性不同，不同地块发病程度有显著差异。大面积种植感病品种，容易导致病害的流行。

2. 菌源数量

CMV-CA种传率较高。北京市密云区自病地收获花生种子，CMV-CA种传率为0.1%～4.2%，平均为1.7%。覆膜地花生病害轻，种传率为0～2%，平均为0.9%；而露地栽培花生种传率为1.7%～4.2%，平均达3%。种传率高，病害发生早、扩散快，损失重。花生地内蚜虫发生早、发生量大，则病害流行严重；反之，发生则轻。

3. 气象条件

花生苗期降雨少、温度高的年份，日均温度高，蚜虫发生量多，病害严重流行；雨量多、温度偏低年份，日均温度低，蚜虫发生量少，病害偏轻。

4. 栽培条件

花生露地栽培比覆膜栽培蚜量高，病害偏重。

四、防控技术

（一）选用抗病品种

1. 应用无（低）毒花生种子

可由无病区调入无（低）CMV 的花生种子。此外，自轻病地留种也可以减轻病害发生。

2. 应用抗（耐）病花生品种

应用鲁花 11 号、鲁花 14 号等具有田间抗性的花生品种，可以减少病害发生和病害损失。

3. 检疫

由于 CMV-CA 种传率高，容易通过花生种质资源交换和种子调运而扩散，有必要将 CMV-CA 列为国内检疫对象，禁止从病区向外调运种子。

（二）栽培防治

1. 应用地膜覆盖栽培

地膜覆盖是一项花生增产的栽培措施，同时又能驱蚜，减轻病害发生。

2. 早期拔除种传病苗

CMV 种传病苗在田间出现早，易于识别。此时田间蚜虫发生量少，及时在病害扩散前拔除，可以显著减少毒源，减轻病害。

（三）科学用药

以种衣剂拌种，或苗期及时喷施药剂防治蚜虫，有一定的防病效果。

撰稿人：许泽永（中国农业科学院油料作物研究所）
审稿人：晏立英（中国农业科学院油料作物研究所）

第十四节　花生普通花叶病

一、诊断识别

（一）为害症状

花生普通花叶病是由花生矮化病毒（*Peanut stunt virus*，PSV）侵染引起的系统性病害，可影响花生整个生长期。弱毒力病毒株系（亦称轻型株系，PSV-Mi）侵染花生，最初引起顶端嫩叶出现明脉或褪绿斑，随后发展成浅绿色与绿色相间的普通花叶症状，沿侧脉出现辐射状绿色小条纹和斑点。叶片变窄、变小，叶缘波状扭曲，病株通常轻度或中度矮化（图2-23）。强毒力株系引起花生叶片变小，病株显著矮化。发病植株荚果发育受阻，形成很多小果和畸形果。

图2-23　PSV-Mi侵染花生引起普通花叶症状（许泽永　提供）

（二）病原特征

花生普通花叶病的病原为花生矮化病毒（PSV），属于黄色病毒门（*Kitrinoviricota*）马尔特里病毒目（*Martellivirales*）雀麦花叶病毒科（*Bromoviridae*）黄瓜花叶病毒属（*Cucumovirus*）。

PSV-Mi的病毒粒子为等轴对称二十面体，直径为25～30nm（图2-24），核酸含量为16%，蛋白质含量为84%。PSV外壳蛋白是分子量为26kDa的单体多肽。PSV-Mi体外致死温度为55～60℃（10min），稀释限点为10^{-3}～10^{-2}，体外存活期限为3～4天。

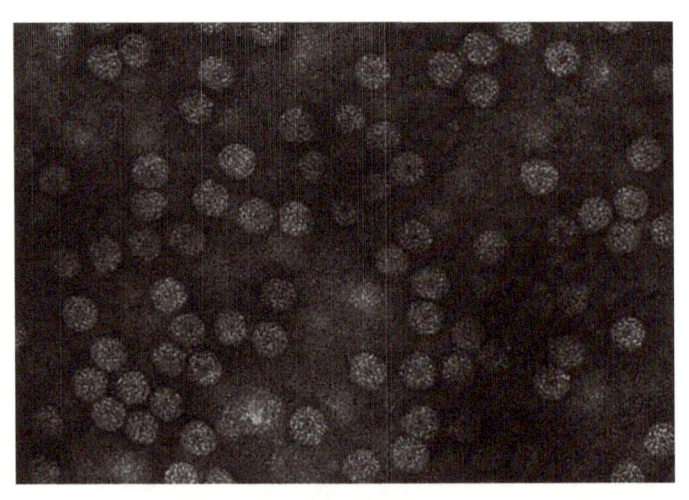

图2-24　花生矮化病毒Mi株系的球状病毒粒子电镜图（许泽永　提供）

PSV 基因组为正单链 RNA，由 3 个组分组成，即 RNA1、RNA2、RNA3，此外还含有一个亚基因组 RNA4。基因组包含 5 个开放阅读框（ORF），RNA1 含有一个大的 ORF，编码 1a 蛋白；RNA2 含有 2a 和 2b 两个 ORFs，2a ORF 编码 2a 蛋白，2b ORF 编码 2b 蛋白，为病毒沉默抑制子；RNA3 含有两个 ORF，上游 ORF 编码 3a 蛋白，下游 ORF 编码 CP 蛋白。1a 和 2a 蛋白为核酸复制酶，与病毒复制相关；2b 蛋白与病毒寄主范围和症状相关；3a 蛋白与病毒在细胞间运转相关；CP 蛋白为病毒外壳蛋白。RNA1 和 RNA2 单独包裹在不同病毒粒体内，RNA3 和 RNA4 包裹在同一粒体内。PSV 不同株系 RNA1 全长 3347～3357nt，RNA2 全长 2942～2966nt，RNA3 全长 2177～2188nt。此外，部分 PSV 株系病毒颗粒内还包裹着卫星 RNA（satellite RNA），卫星 RNA 大小为 391～393nt 的单链 RNA，不能编码功能蛋白，依赖于辅助病毒 PSV 提供复制酶进行扩增。

我国 PSV-Mi 基因组全序列分析表明：*1a* 基因长 3015nt，编码 1a 蛋白，分子量为 111kDa；*2a* 基因长 2538nt，编码 2a 蛋白，分子量为 94.6kDa；*2b* 基因编码 2b 蛋白，分子量为 10.7kDa；*3a* 基因长 864nt，编码 3a 蛋白，分子量为 30.9kDa；*CP* 基因长 654nt，编码 CP 蛋白，分子量为 23.6kDa。PSV-Mi 与亚组Ⅰ PSV-ER（PSV 美国东部株系）、J 株系 *CP* 基因序列一致性仅为 75.7%～77.8%，与亚组Ⅱ PSV-W *CP* 基因序列一致性为 74.3%～74.6%，以此确立我国 PSV-Mi 独自构成一个新亚组，即 PSV 亚组Ⅲ。

PSV 自然侵染的寄主植物主要是豆科植物，包括花生、菜豆、大豆、豌豆、刺槐、赤豆、苜蓿、红三叶草、白三叶草、羽扇豆等；也能侵染茄科植物，如番茄、普通烟、曼陀罗等；伞形科植物，如芹菜等。PSV 在这些寄主植物上引起各种花叶症状，使叶片畸形、坏死，植株不同程度矮化。

二、分布为害

（一）分布

PSV 遍及世界各地，包括法国、匈牙利、波兰、日本、中国、泰国、伊朗、苏丹、塞内加尔、摩洛哥等。中国主要在山东、河北、河南、辽宁、北京和江苏等北方花生产区流行为害。

（二）为害

PSV 可自然侵染豆科、伞形科、苋科和茄科植物。侵染花生后造成植株矮小、荚果畸形，田间产量损失达 10%～50%。在接种条件下，早期感染 PSV 的花生减产 40% 以上。除花生外，在我国报道 PSV 发生为害的作物还有菜豆、大豆、刺槐等。

三、流行规律

（一）侵染循环

PSV 通过花生种子越冬，种传是病害初侵染源之一。由于带毒率低，种子不是病害的主要初侵染源。在我国北方，花生地周围、路边、村庄内均有很多刺槐树，调查表明刺槐的 PSV 感染率在 30% 左右。早春，刺槐抽芽早，蚜虫发生也早。当花生出苗时，刺槐上产生有翅蚜并向花生地迁飞，同时将病毒传入。在美国，白三叶草等饲用牧草是 PSV 越冬寄主和第二年的初侵染源。

（二）传播规律

病毒随蚜虫在花生田间传播，而感病花生又成为病毒向其他感病寄主植物传播的再侵染来源。PSV 被多种蚜虫以非持久性方式传播，包括桃蚜、豆蚜等。

（三）流行因素

该病害在花生生长前期发展缓慢，流行年份通常在 7 月中下旬进入发生高峰期，8 月上中旬达 80% 以上的发病率。毒源、蚜虫以及气候条件是影响病害流行的重要因素。

1. 品种感病性

迄今尚未发现免疫和高抗的栽培花生品种，但是品种间对 PSV 抗性存在差异。野生花生 *Arachis glabrata* PI262801 等材料对病毒表现高抗。大量种植感病花生品种是导致病害流行的因素之一。

2. 菌源数量

花生地周围的刺槐树数量与病害流行相关。蚜虫发生与病害流行关系密切，蚜虫大量发生的年份病害发病率高；反之，蚜虫发生量少的年份病害发病率低。

3. 气象条件

气候条件通过影响蚜虫发生与活动，从而影响病害流行。苗期干旱，降水量少，蚜虫大发生容易导致病害流行；降雨多，蚜虫少，则病害发生轻。

4. 栽培条件

地膜覆盖栽培可减少田间蚜虫量，从而减轻病害的发生。

四、防控技术

（一）加强检疫

PSV 被我国和多个国家列为检疫性有害生物，可通过疫区的花生、大豆等寄主种子传入我国，或者随大宗进口的加工用大豆和花生传入，也可随感染病毒的寄主植物及其携带的传毒介体传入。同时，该病毒目前在国内仅发生在北方部分花生产区，国内引种时要加强检疫。

（二）选用抗病品种

在病区推广应用具有田间抗性的花生品种，可以减少病害损失。

（三）栽培防治

自无病地选留种子，花生种植区域内除去刺槐花叶病树或与刺槐相隔离，均可有效杜绝或减少病害初侵染源，达到防病的目的。地膜覆盖栽培可以减少病害发生和减轻病害损失。

（四）科学用药

在蚜虫发生初期，选用高效、低毒、防控蚜虫的药剂，降低蚜虫虫口量，从而降低病害发生的严重度。

撰稿人：许泽永（中国农业科学院油料作物研究所）
审稿人：晏立英（中国农业科学院油料作物研究所）

第十五节　花生芽枯病

一、诊断识别

（一）为害症状

花生芽枯病是由辣椒褪绿病毒（*Capsicum chlorosis virus*，CaCV）引起的、为害花生茎枝生长点的一种病毒病。CaCV侵染花生植株后，最初在顶端叶片上出现很多伴有坏死症状的褪绿黄斑或环斑，沿叶柄和顶端表皮下维管束坏死呈褐色状，并导致顶端叶片和生长点坏死，顶端生长受到抑制，节间缩短，植株明显矮化（图2-25），严重影响产量。

图2-25　花生感染CaCV后顶端叶片黄斑坏死和顶芽坏死（许泽永　提供）

(二)病原特征

花生芽枯病的病原是辣椒褪绿病毒（CaCV），属于负链核糖病毒门（*Negarnaviricota*）布尼亚病毒目（*Bunyavirales*）番茄斑萎病毒科（*Tospoviridae*）正番茄斑萎病毒属（*Orthotospovirus*）。

在血清学上，CaCV 属于西瓜银色斑驳病毒（*Watermelon silver mottle virus*，WSMoV）血清组。CaCV 中国花生株系（CaCV-CP）在酶联免疫吸附分析（ELISA）血清学试验中和同一血清组的花生芽枯病毒（*Peanut bud necrosis virus*，PBNV）印度分离物抗血清起弱阳性反应，与番茄斑萎病毒（*Tomato spotted wilt virus*，TSWV）抗血清无反应。

在电镜下观察花生病叶超薄切片，CaCV-CP 为球状病毒粒体，直径为 70～90nm，外面有一层脂蛋白双膜，分散于内质网膜间隙，有的粒体聚集，外面有一层包膜。体外致死温度为 45～50℃（10min），稀释限点为 10^{-4}～10^{-3}，在室温下体外存活期限为 5～6h。

与正番茄斑萎病毒属病毒一样，CaCV 具有 3 个组分的单链 RNA 基因组，依据分子大小分别称为 L RNA、M RNA、S RNA。L RNA 为负义单链，长 8912～8916nt，编码依赖 RNA 的 RNA 复制酶（RNA dependent RNA polymerase，RdRp）；M RNA 和 S RNA 采用双义（ambisense）编码方式，M RNA 长 4821～4859nt，编码运动蛋白（movrment protein，NSm）和糖蛋白前体（glycoprotien precursor，Gn/Gc）；S RNA 长 3105～3629nt，编码沉默抑制子（silence suppressor，NS）和核衣壳蛋白（nucleocapsid，N）。我国 CaCV-CP 株系 S RNA 全长 3399nt，NSs 基因大小为 1320nt，推导所编码 NSs 蛋白分子量为 49.9kDa，第二个 ORF 长 828nt，编码分子量为 30.7kDa 的 N 蛋白。5′-UTR 和 3′-UTR 均为 66nt。CaCV-CP *n* 基因与 4 个 CaCV 澳大利亚和泰国分离物 *n* 基因序列一致性为 84.7%～86.4%，N 蛋白氨基酸序列一致性为 92.4%～93.1%。CaCV-CP 与同一血清组的 PBNV、WSMoV 和西瓜芽坏死病毒（*Watermelon bud necrosis virus*，WBNV）3 种病毒 *n* 基因序列一致性为 77.2%～79.4%，N 蛋白氨基酸序列一致性为 81.9%～86.3%，而与该血清组百合褪绿斑病毒（CCSV）的同源性较低，为 63.5%～64.6%，与同属的 TSWV、花生环斑病毒（GRSV）、花生褪绿扇斑病毒（PCFSV）、菜瓜致死褪绿病毒（ZLCV）、菊茎坏死病毒（CSNV）和凤仙花坏死斑病毒（INSV）等其他病毒 *n* 基因序列一致性为 39%～65%。

CaCV 的自然寄主包括辣椒、番茄、花生、苋菜和多种园艺植物，如百合、石蒜、海芋、香泽兰等。在人工接种试验中，CaCV-CP 系统侵染花生、菜豆、白羽扇豆、黄烟、心叶烟、杂交烟、白氏烟、番茄、普通烟、曼陀罗、马铃薯、茄子、辣椒、酸浆、矮牵牛、决明、田菁等，引起枯斑、花叶、坏死、皱缩、矮化等症状；局部侵染苋色黎、昆诺黎、千日红、豇豆、长豇豆和望江南，引起接种叶褪绿斑和枯斑；不侵染蚕豆、芝麻、百日菊、黄瓜、木豆、鹰嘴豆和长春花。

鉴别寄主：CaCV-CP 对豆科植物侵染力较弱，不侵染大豆、豌豆，仅局部侵染绿豆、菜豆和短豇豆；白氏烟可作为繁殖寄主。

二、分布为害

（一）分布

花生芽枯病分布在中国、印度、泰国、澳大利亚等国家。在中国，该病害发生在广东、广西、云南、贵州等地的花生产区。

（二）为害

由 CaCV 引起的花生芽枯病在印度的发病率为 20% 左右；在中国田间多为零星发生，但在局部发生重的地块发病率超过 20%。

三、流行规律

（一）侵染循环

携带 CaCV 的蓟马是田间病害流行的主要初侵染源。仅若虫在 CaCV 病株吸食，获得病毒，获毒若虫发育成成虫，经过无翅到有翅成虫，带毒有翅蓟马成虫向外扩散，从而传播病毒。带毒有翅蓟马能在生命周期内传毒，但不能传给下一代。

（二）传播规律

国内田间观察发现，病株多分布于田边，逐渐向田地内侧扩散。在印度 CaCV 通过多种蓟马传播，通常蓟马若虫获毒，成虫传毒。CaCV 和蓟马均有广泛的寄主范围，CaCV 随蓟马由其他寄主作物、杂草传入花生。花生种子不传毒。

（三）流行因素

花生芽枯病的流行与毒源数量、介体密度、寄主抗性及环境条件密切相关。病害最早在花生出苗后 13 天出现，有明显的发病高峰期，出苗后 60～75 天，病害发展趋缓，有明显的成株期抗性。

1. 品种感病性

对该病毒尚未开展寄主抗性的系统研究，同属的其他病毒未发现免疫的花生品种。印度科学家研究发现花生品种之间存在对该病毒的抗性差异，抗病品种发病率低于 10%，而感病品种发病率可达 60% 以上。

2. 菌源数量

迁入花生地的蓟马数量以及花生上蓟马群体数量与病害发生呈正相关。

3. 栽培条件

花生播种时期与病害发生密切相关。例如，在印度，7 月 1 日正常播种期前两周播种的花生发病率最高，而推迟到 7 月中下旬播种的花生发病率最低。

四、防控技术

（一）选用抗病品种

国际热带半干旱地区作物研究所（ICRISAT）在印度选育的一些高产花生品种对病害和蓟马均表现出明显抗性，如 ICGV91228、90013、91177 等品种在田间芽枯病的平均发病率为 13.6%~23.7%，对照 JL24 的发病率为 58.4%。ICGS44 和 ICGS11 等抗性品种已在印度推广应用。

（二）栽培防治

调整播种期可以使花生早期感病阶段避开蓟马迁飞和传毒高峰期。优选种子，合理密植，促使花生早封行，降低蓟马发生和为害程度。与谷类作物如高粱和珍珠粟间作，也可降低发病程度。

（三）科学用药

播种时随种子施入内吸性杀虫颗粒剂，加上前期适时撒施内吸性杀虫剂，可以防治蓟马，减轻病害发生。

撰稿人：许泽永（中国农业科学院油料作物研究所）
审稿人：陈坤荣（中国农业科学院油料作物研究所）

第十六节　花生斑驳病

一、诊断识别

（一）为害症状

花生斑驳病是由花生斑驳病毒（*Peanut mottle virus*，PeMoV）引起的一种花生病毒病。PeMoV 在花生嫩叶上引起轻斑驳症状，浓绿色与浅绿色相间，在透光情况下更容易被观察到。通常叶缘向上卷曲，脉间组织凹陷，使得叶脉更加明显（图 2-26）。随着植株成熟，特别是在炎热、干旱的气候条件下，会出现隐症，但合适的条件下症状会重新出现。病株不矮化，没有其他明显的症状。病株荚果比正常荚果小，有的产生不规则灰色至褐色斑块。

（二）病原特征

花生斑驳病的病原是花生斑驳病毒（PeMoV），属于小 RNA 病毒门（*Pisuviricota*）马铃薯病毒目（*Patatavirales*）马铃薯 Y 病毒科（*Potyviridae*）马铃薯 Y 病毒属（*Potyvirus*）。

图 2-26　PeMoV 引起的花生轻斑驳症状（许泽永　提供）

PeMoV 的病毒粒子线状，常见长 740~750nm，但长度范围为 704~984nm。体外致死温度为 60~64℃（10min），稀释限点为 10^{-4}~10^{-3}，在 20℃下存活期限为 1~2 天。

PeMoV 的寄主范围比较狭窄，主要局限于豆科植物，在自然情况下，除花生外尚能侵染大豆、菜豆、豌豆、豇豆、绛三叶草、望江南、白羽扇豆、决明、细荚决明等。通过人工接种尚可侵染黄瓜、千日红、芝麻、克利夫兰烟、决明、白羽扇豆、胡芦巴、鹰嘴豆、西瓜等。PeMoV 在上述寄主上主要引起斑驳和花叶症状，但在一些寄主上能引起坏死。

PeMoV 基因组为正单链 RNA，除去 poly(A) 尾端，全长 9708~9709nt，小于 BCMV 基因（10 059nt）。PeMoV 基因组含一个大的开放阅读框（ORF），长 9300nt；5'-UTR、3'-UTR 大小分别为 122nt、280nt。PeMoV ORF 编码一个大的聚蛋白，随后加工产生 10 种蛋白：P1 蛋白、HC-Pro 蛋白、P3 蛋白、CI 蛋白、NIa-VPg 蛋白、NIa-Pro 蛋白、NIb 蛋白、CP 蛋白，以及 P3 和 CI 蛋白间的 2 个 6K 蛋白。

国内分离获得 3 个 PeMoV 分离物，包括 2 个山东分离物、1 个辽宁分离物。2 个山东分离物 *CP* 基因序列片段与国外 8 个分离物 *CP* 基因的核苷酸、氨基酸一致率分别为 95.3%~99.2%、93.5%~99.6%。在病毒系统进化树中，中国与以色列分离物、印度分离物聚为一组，美国和澳大利亚分离物则分别构成另外两个组。

PeMoV 不同株系可引起花生不同的症状。在美国，除去田间占优势的轻斑驳（M）株系外，还有重花叶（S）、坏死（N）和褪绿条纹（CLP）株系。这些株系在寄主植物上的反应、花生种传率和蚜传效率存在差异，但血清学性质密切相关。

二、分布为害

（一）分布

该病害遍及世界各地，包括东部非洲、欧洲、南美洲、大洋洲、亚洲（印度、日本、马来西亚、菲律宾、泰国）等国家或地区。在美国、苏丹等国家花生上有过大面积流行的报道。在我国，仅在山东青岛和辽宁沈阳零星发生。

（二）为害

由于该病害症状较轻，不易引起人们重视。在印度，该病害为害引起花生减产5%～30%。PeMoV 在美国大豆、豇豆、羽扇豆和豆科牧草上发生普遍，在羽扇豆上发病率可达 80% 以上，给这些作物的生产造成较大影响。

三、流行规律

（一）侵染循环

PeMoV 通过带毒花生种子越冬，种传花生病苗是病害的主要初侵染源。在田间，PeMoV 被蚜虫以非持久性方式扩散，同时传播到邻近的大豆、豇豆、菜豆以及豆科牧草上。病毒可以在羽扇豆上越冬，成为第二年病害的初侵染源。

（二）传播规律

田间近距离通过蚜虫传播，远距离通过花生种子传播到新病区。

（三）流行因素

1. 品种感病性

不同花生品种的种传率存在差异，为 0.1%～1.0%。种植种传率高的花生品种，初始毒源数量多，容易导致病害流行。

2. 菌源数量

种子传毒率的高低可显著影响病害的流行。

3. 气象条件

病害流行与田间蚜虫数量和活动密切相关，受气候因素影响大。干旱、气温高，则病害发生重；多雨、气温低，则病害发生轻。

四、防控技术

（一）选用抗病品种

无毒花生种子可以在无病害区域或病害隔离区繁育，在病害隔离区与发病花生及其他感病寄主的隔离距离至少为 100m。利用花生对 PeMoV 种传的差异是降低发病风险的措施。美国对 283 份花生资源材料进行抗种传的筛选，发现 EC 76446(292) 和 NCAC17133 两份材料在各自检测的 12 000 多粒种子中未见带毒种子，而其他材料均表现种传，其中最高达 4.8%。在美国开展的花生抗性筛选中，获得耐病种质材料 PI261945 和 PI261946，虽然感染 M 株系，但没有产量损失，而感病品种 Starr 可导致减产 31%。在对 156 份野生花生材料的抗性鉴定中，PI468171 等 8 份材料在人工接种条件下表现出对 PeMoV 的高度抗性。

（二）科学用药

PeMoV 在田间主要通过蚜虫传播。花生生长期，在田间蚜虫发生高峰前使用吡虫啉等药剂进行防治，降低蚜虫基数，可减轻花生斑驳病的发生。

撰稿人：许泽永（中国农业科学院油料作物研究所）
审稿人：陈坤荣（中国农业科学院油料作物研究所）

第十七节　花生根结线虫病

一、诊断识别

（一）为害症状

为害我国花生的根结线虫有两个种，即北方根结线虫（*Meloidogyne hapla*）和花生根结线虫（*Meloidogyne arenaria*）。北方根结线虫主要分布于北方花生产区，是为害我国花生的主要根结线虫，花生根结线虫则主要分布于南方产区。

根结线虫对花生植株的地下部分（根系、果柄、荚果）均能侵染和为害。花生播种后，当胚根突破种皮向土壤深处生长时，侵染期幼虫即能从根部侵入，使根部逐渐形成纺锤状或不规则形状的根结（虫瘿），初呈乳白色，后变成淡黄色至深黄色，随后从这些根结上长出许多毛根。这些毛根以及新长的侧根尖端再次被线虫侵染，又形成新的根结。如此经过多次反复侵染，使整个根系形成乱发似的须根团，根系呈网状结构，沾满土壤颗粒，难以抖落（图 2-27A）。根结线虫的侵染导致花生根部输导组织受到破坏，影响水分和养分的正常吸收与运转，导致受害植株的叶片黄化瘦小，叶缘焦灼，植株萎缩黄化。在山东病区，花生植株生长前期地上部症状明显，到 7~8 月伏雨来临，病株才由黄转绿而稍有生机，但与健株相比仍较矮小，生长势弱，田间经常出现片状的病窝。

我国两种花生根结线虫为害形成的根结略有不同。北方根结线虫为害形成的根结如小米粒大小，其上增生大量细根，严重时根密集成簇，在根结上生出侧根（这是北方根结线虫侵染的特征）。花生根结线虫侵染所形成的根结较大或稍大，根结与粗根结合，根结大并包裹着主根。花生荚果受侵染后，荚壳上的虫瘿呈褐色疮痂状突起，幼果上的虫瘿乳白色略带透明状，而根颈部及果柄上的虫瘿往往形成葡萄状的虫瘿穗簇（图 2-27B）。

根结线虫引起的根结与固氮根瘤容易混淆。主要区别：虫瘿长在根端，呈不规则状，表面粗糙，并长有许多小毛根，剖视内呈白色；根瘤则长在根的表面，圆形或椭圆形，表面光滑、不长小毛根，容易脱落，内呈褐色海绵状。

图 2-27　花生根结线虫病为害症状（晏立英　提供）
A：健康植株与根结线虫为害植株根系比较；B：根结线虫为害花生根系症状

（二）病原特征

根结线虫属于线虫动物门（Nematoda）垫刃线虫目（Tylenchida）根结线虫科（Meloidogynidae）根结线虫属（*Meloidogyne*）。北方根结线虫的雌虫呈梨形或袋形，排泄孔位于口针基球后，会阴花纹圆形至卵圆形，背弓低平，侧线不明显，近尾尖处常有刻点，近侧线处无不规则横纹。雄虫蠕虫形，头区隆起，与体躯界限明显，侧区具4条侧线。头感器长裂缝状。幼虫体长347～390μm，头端平或略呈圆形，头感器明显。排泄孔位于肠前端，直肠不膨大，尾部向后渐变细。

花生根结线虫的雌虫呈乳白色，梨形，大小为405～960μm，口针基部呈圆球形，向后略斜。会阴花纹圆形或卵圆形，背弓低，环纹清楚，侧线常常不明显。近尾尖处无刻点，近侧线处有不规则横纹，有些横纹伸至阴门角。雄虫细长灰白，头略尖，尾钝圆，导刺带新月形，大小为1272～2226μm×35～53μm。幼虫体长约448μm，半月体紧靠排泄孔，直肠膨大，尾部向后渐细，末端较尖。

花生根结线虫与北方根结线虫的主要区别是前者雌虫阴门近尾尖处无点刻，近侧线处有不规则的横纹，雄虫体较长，达1800μm；而后者雌虫阴门近尾尖处常有点刻，近侧线处没有横纹。根结线虫基因组DNA和rDNA指纹图谱分析技术已用于种及小种的鉴定。

北方根结线虫的寄主植物多达550多种，主要包括番茄、萝卜、南瓜、甜瓜、花生、大豆、菜豆等。花生根结线虫的寄主植物有330多种，包括茄子、甘蓝、莴苣、辣椒、马铃薯、花生等。

二、分布为害

（一）分布

根结线虫病是花生上一种分布广泛的病害，全球花生种植区均有发生。该病害在我国大部分花生主产区，如山东、河北、辽宁、河南、安徽、江苏、北京、湖北、湖南、广东、广西、贵州、陕西等省（自治区、直辖市）均有发生，其中北方产区主要为北方根结线虫，淮河以南产区主要为花生根结线虫。

（二）为害

山东、河北、辽宁是根结线虫病发生和为害最重的花生产区，但该病害在大多数田块的分布和为害程度不均匀，受害花生一般可减产20%～30%，重者达70%～80%，甚至绝产。根结线虫病不仅影响花生产量，也严重影响荚果质量。

根结线虫可与多种真菌性根部病害交叉为害，如接种根结线虫对花生猝倒病有加重的作用，北方根结线虫和花生根结线虫的侵染可加重花生黑腐病、黄曲霉毒素（aflatoxin）污染的发生。

三、流行规律

（一）侵染循环

侵害花生的根结线虫可以卵、幼虫在土壤中越冬，包括在土壤、粪肥中的病残根上的虫瘿以及田间寄主植物根部。因此，病地、病土、带有病残体的粪肥和田间的寄主植物是花生根结线虫病的主要侵染来源。线虫卵在春天平均地温为12℃时开始孵化。刚孵化的幼虫为仔虫期幼虫，在卵壳内第一次脱皮后脱壳而出，发育成侵染期幼虫。随着土壤温度的升高，越冬幼虫与刚孵化的幼虫在土壤中开始活动；当平均地温达12℃以上时，春播花生的胚根刚萌发，侵染期幼虫即可从根端侵入。在根组织内的幼虫，取食巨型细胞内的液汁，作为其生长发育所需的营养。当雌、雄虫发育成熟后，雌虫仍定居于原处组织内继续为害、产卵，不再移动；雄虫则可离开虫瘿到土壤中，钻入其他虫瘿与雌虫交配。雌虫产卵集中在卵囊内，卵囊一端附于阴门处，另一端露于虫瘿外或埋于虫瘿内，雌虫产卵后即死亡。卵在土壤中孵化成侵染期幼虫，继续为害花生。卵囊内卵的孵化时间差异较大，前后可长达4～5个月，导致侵染压力持续时段较长。

（二）传播规律

田间传播主要由病残体、病土、病肥及其他寄主植物根部的线虫经农事操作和流水传播。

（三）流行因素

1. 品种感病性

未发现对根结线虫病完全免疫的花生品种，但品种间感病性存在较大差异。大量种植感病花生品种易导致病害的流行。

2. 菌源数量

上年土壤中根结线虫的病残体较多，或施用带根结线虫的病肥，容易导致病害的发生。

3. 气象条件

土壤温度为 12～34℃时幼虫均能侵入花生根系，最适温度为 20～26℃，4～5 天即能侵入，地温高于 26℃时侵入困难。土壤含水量 70% 左右时最适宜根结线虫的侵入，20% 以下或 90% 以上均不利于根结线虫的侵入。土壤内的根结线虫可随土壤水分的变化而上下移动。

4. 栽培条件

连作地发病重，与非寄主作物轮作地发病轻，生荒地种植花生则很少发病。砂土地和质地疏松的土壤，尤其是丘陵山区的瘠薄沙地、沿河两岸的沙滩地发病严重。温度较高、通透性和返潮性较好的土壤，有利于线虫的生长发育、生存和大量繁殖，通气性不良的黏质土、碱性土不利于根结线虫的生长发育。早播花生比晚播花生发病重，一般 5 月播种的花生发病重，6 月播种的花生发病轻。用病株残体沤粪积肥，施入无病地，亦可使病害扩大蔓延。河流两岸的花生地、低洼地及过水地发病严重。野生寄主多，发病重，反之则轻。

四、防控技术

（一）选用抗病品种

选育和应用抗性花生品种是防治根结线虫病的重要途径。美国已在野生花生中发现了对花生根结线虫表现高抗的材料如 *A. cardenasii*、*A. batizocoi*、*A. diogoi* 等，通过抗性转育已培育出了抗根结线虫病的 COAN、NemaTAM、Tifguard 等品种。山东省花生研究所经多年在病圃对花生种质资源筛选鉴定发现，花生不同类型和不同品种对北方根结线虫的抗性有明显差异，已选出高抗、中抗资源作为亲本，用于抗病育种。除常规抗病育种外，近年来国外从番茄中克隆获得抗根结线虫的 *Mi* 基因并开展了抗性分子机制研究，为通过基因工程技术培育抗根结线虫作物品种提供了新的途径。

（二）栽培防治

北方花生产区实行花生与玉米、小麦、大麦、谷子、高粱等禾本科作物或甘薯 2～3 年轮作，能有效减少土壤中根结线虫的虫口密度，轮作年限越长，效果越明显。深翻改土，多施有机肥，创造良好生长条件，增强花生抗病力，也是一项有效措施。花生收获后，进行深翻，可将根上线虫带到地表，通过阳光暴晒和干燥消灭一部分线虫。改善田间排水系统，清除田内外杂草和野生寄主，可减轻根结线虫病的危害。种植诱捕作物（植物）是一种降低根结线虫群体的有效方法，但要注意及时销毁诱捕作物（植物）。

（三）生物防治

研究表明，穿刺巴氏杆菌（*Pasteuria penetrans*）对根结线虫有很好的生防效果。该生防菌已在美国实现制剂生产。国外研究发现，淡紫拟青霉（*Paecilomyces lilacinus*）

和厚垣轮枝孢菌（*Verticillium chlamydosporium*）能明显减少花生根结线虫群体数量和消解虫卵。国内调查发现，卵寄生真菌对花生根结线虫的自然寄生率一般为5%左右，有的高达10%以上，甚至达30%。此外，有研究发现土壤根际细菌属（假单胞菌属*Pseudomonas*和土壤杆菌属*Agrobacterium*）的一些种能抑制根结线虫卵的孵化和二龄幼虫的生长，为生物防治提供了潜在资源。

（四）科学用药

农业生产上常用的杀线虫剂有熏蒸剂、触杀或内吸性的非熏蒸剂。①熏蒸剂常用的有90%棉隆粉剂45～75kg/hm²等。在播种前20～30天，结合耕翻施药，沟深20cm，沟距30cm，将药均匀施于沟底，立即覆土以防止挥发，并压平表土，密闭闷熏。熏蒸剂有剧毒、易挥发，使用时要注意保障人畜安全。②触杀剂常用的有80%益舒宝颗粒剂22.5～30kg/hm²、10%克线丹颗粒剂30kg/hm²、5%灭线唑颗粒剂45～60kg/hm²等。

撰稿人：迟玉成（山东省花生研究所）
　　　　张　霞（山东省花生研究所）
　　　　董炜博（山东省花生研究所）
审稿人：袁　美（山东省花生研究所）

第十八节　花生立枯病

一、诊断识别

（一）为害症状

花生播后出苗前染病可导致种子腐烂而不能出土；幼苗染病时，植株基部产生黄褐色病斑，病斑与健康组织分界明显，向内渐凹陷，病斑可扩展到整个茎基部和根系，植株即干枯死亡（图2-28）。根系染病后会腐烂，从而引起全株死亡。花生中后期发病时，在叶片、茎枝受害处产生暗褐色病斑，遇高温、高湿，病斑扩展加快，导致叶片变为黑褐色、卷缩干枯。下中部叶片受害最重，其次是茎秆和果针，蛛丝状菌丝由下部向植株中、上部茎枝和叶片蔓延，在病部产生的灰白色棉絮状菌丝中形成灰褐色或黑褐色小颗粒菌核。发病轻时基部叶片腐烂，提前脱落，严重时则植株干枯死亡。病菌还可侵染果针和荚果，致使荚果腐烂、籽仁品质下降。

（二）病原特征

花生立枯病的病原是立枯丝核菌（*Rhizoctonia solani*），属于担子菌门（Basidiomycota）鸡油菌目（Cantharellales）角担菌科（Ceratobasidiaceae）丝核菌属（*Rhizoctonia*）。

立枯丝核菌无性世代不产生孢子，可形成菌核，有性世代产生担孢子。在马铃薯琼脂培养基上病菌可产生匍匐状气生菌丝，初生菌丝靠近分枝处形成隔膜，分枝菌丝基部

图 2-28　花生立枯病苗期症状（贾金忠　提供）

稍有缢缩，多呈直角状。菌丝直径为 4~15μm，白色至深褐色。菌丝紧密交织而形成菌核，菌核初期呈白色，后变为黑褐色，圆形或不规则形。立枯丝核菌是一个大的复合种，存在许多形态相似而致病性不同的类群。目前，多采用菌丝融合的方法将其划分成若干个菌丝融合群，菌丝融合群下面又分为菌丝融合亚群。我国花生立枯病菌为 AG-1 融合群 AG-1-IC 融合亚群。国外报道，从花生种子和荚果中分离的病菌属于多核的 AG2 及 AG4 菌丝融合群，从叶片和茎秆病组织分离的病菌属于 AG-1 及 AG4 菌丝融合群。立枯丝核菌的担子近棍棒形，大小为 12~18μm×8~11μm，顶生 4 个小梗，每个小梗顶生 1 个担孢子；担孢子长椭圆形、单胞、无色，大小为 7~12μm×4~7μm。立枯丝核菌的生长温度为 10~38℃，最适生长温度为 28~31℃。菌核在 12~15℃开始形成，以 30~32℃形成最多，40℃以上则不形成菌核。立枯丝核菌的寄主植物很多（74 种以上），包括水稻、棉花、大豆、芝麻、番茄、菜豆、黄瓜等。

二、分布为害

（一）分布

花生立枯病主要分布于北方及长江流域，包括吉林、山东、河南、江苏、湖北、江西和湖南等花生产区。该病在花生各生育期均能发生，但主要以幼芽期和苗期发生为害最重。

（二）为害

近年来，随着耕作制度的变化，病害发生有加重现象，发病花生可减产 15%~20%，严重时减产 30%~40%。

三、流行规律

（一）侵染循环

立枯丝核菌是一种土壤习居菌，能在多种类型土壤中长期存活。病菌以菌核和附在植物病残体上的菌丝越冬，也可在荚果上和荚果内的种子上越冬。播种带菌的种子或在病土中种植花生，都可以引起花生发病。在合适的条件下，菌丝通过伤口或直接从寄主表皮组织侵入花生，病菌分泌纤维素酶和果胶酶以及真菌毒素杀死寄主组织，从分解的植物组织中汲取营养，供其生长需要。

（二）传播规律

病菌依靠菌核通过水流、农事操作或者机械化操作在田间近距离传播，可通过种子或者机械长距离作业传播到新的病区。

（三）流行因素

1. 品种感病性

目前对该病害尚未有品种抗性鉴定的报道，多数花生品种表现感病。

2. 菌源数量

花生连作地菌源长期积累，容易导致病害发生和流行。

3. 气象条件

高温多雨、田间积水等高温高湿条件有利于发病。

4. 栽培条件

偏施氮肥的花生植株徒长过密，造成通风透光不良，或连续阴雨、高温高湿气候条件，能造成病害大发生。一般低洼地、排水条件差、土壤湿度大的花生地病害重；常年连作地病害重；前茬作物纹枯病重的田块，花生立枯病也较重。

四、防控技术

（一）选用抗病品种

迄今尚无抗病花生品种的报道，不同品种之间有一定的田间耐病性差异。

（二）栽培防治

常发病田块避免花生连作，提倡合理轮作，特别是水旱轮作。精细整地，高畦深沟栽培，排水降湿。掌握合适的播种深度和覆土厚度，创造有利于幼苗萌发出土的土壤条件。合理密植，科学施肥，增施磷钾肥，促进植株健壮生长，增强抗病力。选用未破损的无病种子播种。收获后及时将病残体清理干净，深埋或销毁。

（三）科学用药

1. 种子处理

用种子重量 0.3% 的 50% 多菌灵可湿性粉剂或 40% 三唑酮·多菌灵可湿性粉剂或 45% 三唑酮·福美双可湿性粉剂拌种。

2. 药剂喷施

发病初期喷施 5% 井冈霉素水剂，或用 40% 三唑酮·多菌灵可湿性粉剂或 45% 三唑酮·福美双可湿性粉剂，视病情间隔 7~10 天喷施一次，连续喷施 2 或 3 次。花生结荚期发病，可在叶面喷施 25% 多菌灵可湿性粉剂，每隔 10 天喷施一次，连续喷施 2 或 3 次，可减轻病害的发生为害。

撰稿人：陈坤荣（中国农业科学院油料作物研究所）
审稿人：晏立英（中国农业科学院油料作物研究所）

第十九节　花生冠腐病

一、诊断识别

（一）为害症状

花生冠腐病是由黑曲霉（*Aspergillus niger*）侵染花生植株引起的一种枯萎病。该病害主要发生在花生发芽出苗期、苗期、花针期，后期一般发生较少，主要在幼苗胚轴及茎基部第一次分枝处出现症状，并在受害部位表面出现黑色霉状物（分生孢子梗和分生孢子）。在花生发芽出苗过程中受到侵染，可导致子叶完全腐烂而不能出苗，子叶部分腐烂可导致幼苗营养缺乏而弱小。在花生出苗后，幼苗胚轴及分枝处最易受到侵染，受害部位呈水渍状，病部浅褐色或深褐色，并迅速长出黑色霉状物覆盖表面，导致组织快速腐烂，全株萎蔫枯死（图 2-29）。在花生成株期，病菌侵染茎基部，在茎基部表面组织出现黄褐色或深褐色凹陷病斑，随着病斑扩大，茎枝基部皮层纵裂，组织出现干腐，遇相对潮湿的环境条件，病部快速出现黑色霉层覆盖。成株期发病，既可导致全株枯萎死亡，也可仅导致少数分枝死亡。在一些条件下，如花生生长后期遇到干旱胁迫，病原菌能侵染荚果，导致种子带菌。

（二）病原特征

花生冠腐病的病原菌是黑曲霉，属于子囊菌门（Ascomycota）散囊菌目（Eurotiales）曲霉科（Aspergillaceae）曲霉属（*Aspergillus*）。

图 2-29　花生冠腐病为害症状（晏立英　提供）
A：幼苗期症状；B：成株期症状

多数病部表面覆盖的黑色霉状物，为黑曲霉的分生孢子梗和分生孢子。黑曲霉的分生孢子梗无色或上部呈浅黄褐色，表面光滑，长 200～400μm、宽 7～10μm，顶端头部呈球形，直径为 20～50μm，无色或黄褐色。头部球状体表面着生两层小梗，第一层小梗较粗大，在第一层小梗上长出第二层小梗，小梗顶端着生串状分生孢子。分生孢子呈小球形，黑褐色，直径为 2.5～5.0μm。黑曲霉的生长适温为 32～37℃，在土壤中 30～35℃条件下生长较快，在相对干燥的土壤环境下病菌也能生长。在马铃薯培养基上，初期菌丝呈白色，能分泌黄色色素。一旦分生孢子形成后，菌落整体呈黑色。黑曲霉还可侵染多种农作物和杂草，也能在多种有机物上繁殖。尚未见关于黑曲霉致病力分化的研究报道。

二、分布为害

（一）分布

花生冠腐病在世界各国花生产区均有发生，尤其以印度和美国较为严重。在我国，河南、山东、辽宁、江苏、湖北、湖南、江西、广东、广西、福建等省（自治区）有分布为害的报道，尤其在黄淮小麦茬夏播产区发生更为普遍。

（二）为害

随着连作加重，花生冠腐病有逐年加重的趋势，已成为花生的一种主要病害，其中山东、河北、河南等省危害较严重，可造成花生缺苗 10% 左右，严重时可达 50% 以上。在印度、埃及和美国的花生产区，冠腐病是一种严重的病害，每年引起的产量损失在 5% 左右，严重地区减产可达 40%。

三、流行规律

（一）侵染循环

病菌以菌丝和分生孢子附着在花生病残体、种子和土壤中的有机物上越冬，成为第二年的初侵染源。在多数花生产区，冠腐病的初侵染源主要来自土壤。由于花生荚壳和籽仁均可带菌，因此带菌种子（尤其是种子含水率偏高、活力不强）可以直接引起病害的发生，尤其在播种后遇到不良环境，使用带菌种子的发病风险更大。花生播种后，遇到越冬病菌产生的分生孢子，易被侵染。分生孢子萌发后，从种子脐部、受伤部位或子叶间隙侵入，也可以从种皮侵入，严重时造成种子腐烂而不能出苗，或导致部分子叶腐烂而影响生长。花生出苗后，病菌可从残存的子叶侵染茎基部和下胚轴，导致全株枯萎死亡。病部产生分生孢子，随风雨、气流传播，进行再侵染，侵染一般多发生在花生发芽后10天以内，多数病株在一个月内死亡，发病快的10天即死亡，发病较轻的部分植株还能恢复生长。花生冠腐病感病植株枯死后，大量病菌可形成再侵染或进入土壤越冬。

（二）传播规律

花生子叶和胚芽最易感病，严重时种子腐烂而不能出土。花生苗出土后，病菌可以从残存的子叶处侵染茎基部或根颈部，随后病部产生分生孢子，随风雨、气流传播，进行再侵染。一般在花生开花期达到发病高峰，后期发病较少。在田间，分生孢子借助风雨、气流进行近距离传播，通过种子带菌进行长距离传播。

（三）流行因素

1. 品种感病性

迄今未见关于花生品种对冠腐病抗性的系统研究。据观察，不同花生品种之间对冠腐病的反应有一定差异，一般直立型品种相对耐病。

2. 菌源数量

土壤带菌和种子带菌是两个重要的初侵染源，病菌可在土壤中存活1～2年。以收获时堆放发热、受潮、受冻、霉捂或入仓时干燥不足的种子作种，易感染病害。霉捂花生种子由于带菌率高、种子活力低、抵抗力差，容易引起病害发生。

3. 气象条件

高温高湿的气候条件总体有利于黑曲霉的繁殖，从而有利于花生冠腐病的发生。同时，北方产区间歇性干旱和多雨，更有利于黑曲霉对花生幼苗的侵染。

4. 栽培条件

在连作花生田，由于土壤中黑曲霉数量增加，花生冠腐病发生较重。在麦茬夏播花生田，由于麦茬残留较多，有助于黑曲霉的繁殖，花生冠腐病发生较重。在有机质多的花生田，由于黑曲霉增殖多，花生冠腐病的发生风险较高。花生播种过深，由于幼苗出土时间长，花生冠腐病的发生风险也较高。在多种土传病害重的花生田，由于青枯病、根腐病、茎腐病等病害的交互影响，可加重花生冠腐病的发生。

四、防控技术

（一）选用抗病品种

一般珍珠豆型小粒品种的抗性相对强于普通型大花生品种，珍珠豆型品种的发芽出苗速度快，对苗期低温的忍耐力较强，发病率较低。因此，在发病重的地区，以选用珍珠豆型或中间型的品种为宜，如远杂9102、中花16等。

（二）栽培防治

把好花生种子质量关是防治冠腐病最主要的措施之一。应在无病田选留花生种子，迅速晒干，单独保存，储藏期防止种子受热、霉捂。播种前晾晒几天后剥壳选种。播种前选用饱满无病、没有霉捂的种子。花生播种时，适当浅播、晚播，深浅均匀；播种后遇雨时，雨后及时松土，增加通气性，以利于出苗；加强田间管理，及时排出田间积水，促使花生健壮生长，减轻病害的危害；田间除草松土时不要伤及花生根部。

（三）科学用药

用种子重量0.2%~0.5%的50%多菌灵可湿性粉剂拌种或用药液浸种，也可以用籽仁重量0.5%~0.8%的25%菲醌粉剂拌种，可取得一定的防病效果。当病害发生时，可以通过喷施杀菌剂降低病害的发生程度。戊唑醇、咪鲜胺、醚菌酯、多菌灵、福美双对冠腐病菌具有一定的防治效果。

撰稿人：姜晓静（山东省花生研究所）
审稿人：曲明静（山东省花生研究所）

第二十节　花生菌核病

一、诊断识别

（一）为害症状

花生菌核病是由核盘菌（*Sclerotinia sclerotiorum*）侵染花生引起的一种真菌病害。茎秆染病多从茎基部发生，病部水渍状，后褪为浅褐色至近灰白色，病斑形状不规则，围绕茎部向上下扩展。在潮湿的环境条件下，病部生长出白色棉絮状的菌丝体，杂有大小不等的鼠粪状菌核（图2-30）。病茎髓部变空，菌丝充满其中，并有菌核着生。病害严重时，受害枝条枯萎，或整个植株枯萎、死亡。受害花生荚果表面湿腐状，内部籽仁腐烂。

图 2-30　花生菌核病在植株基部的症状（A）及其病原的菌核形态（B）（晏立英　提供）

（二）病原特征

花生菌核病的病原菌是核盘菌，属于子囊菌门（Ascomycota）柔膜菌目（Helotiales）核盘菌科（Sclerotiniaceae）核盘菌属（*Sclerotinia*）。

在人工培养条件下，菌丝生长的温度为 5～30℃，最适温度为 20～25℃。菌丝生长需要丰富的碳源、氮素营养，适宜 pH 为 1.7～10，最适 pH 为 2～8。相对湿度 85% 以上菌丝生长迅速，70% 以下则停止生长。

菌核通常为不规则形状，大小为 1～4mm×3～7mm，坚硬，外部黑色，内部白色。产生菌核的适宜温度为 5～30℃，最适温度为 15～25℃。菌核可产生子囊盘，子囊盘呈盘状，有柄，大小为 108～135μm×9～10μm，上生栅状排列的子囊。子囊棒状，内含 8 个子囊孢子。子囊孢子单胞，无色，椭圆形，大小为 9～14μm×3～6μm。在自然条件下，菌核是病菌抗逆的主要结构，耐低温、干热，但不耐湿热；菌核在干燥条件下可存活多年；旱地土壤温度达 28～34℃，含水量为 20% 以上，大部分菌核在 1 个多月时会死亡。在田间条件下，菌核在 5～25℃都可萌发形成子囊盘，最适萌发温度因各地环境差异而不同。子囊盘不耐 3℃以下低温和 26℃以上干燥气候。处于土壤深度 10cm 以下的菌核不能形成子囊盘。

核盘菌具有生理分化现象，不同地区收集的菌株在培养特性、生理特征和致病力等方面均存在差异。核盘菌基因组大小为 38.76～40.98Mb，预测编码基因数为 11 130～14 490 个。

二、分布为害

（一）分布

花生菌核病主要发生在相对冷凉的花生种植区，我国主要发生在黑龙江、吉林、内蒙古、新疆等省（自治区）。

（二）为害

病害导致花生茎秆腐烂，植株枯萎，同时也会造成荚果腐烂，一般发生田块产量损失为5%～10%，严重田块达50%以上。菌核病除了为害花生，还可侵染其他作物，如大豆、油菜、番茄、辣椒、向日葵、马铃薯、莴苣等300多种植物。

三、流行规律

（一）侵染循环

花生菌核病主要以菌核散落在土壤、未腐熟的植株残体或混杂在种子中越冬。越冬菌核是第二年的初侵染源。土壤中的菌核在适宜的温湿度条件下产生子囊盘，并弹射出子囊孢子，借助气流传播至茎基部，子囊孢子萌发菌丝，侵染植株从而引起发病。再侵染的菌源主要是菌丝或者菌核。

（二）传播规律

菌核可随着种子远距离传播，随着未腐熟的病残体或者农事操作进行近距离传播。

（三）流行因素

条件适宜时，如北方气温为20～25℃，田间湿度较高，菌丝迅速生长，2～3天后健株即发病。菌核在田间土壤深度10cm以上能正常萌发，10cm以下不能萌发，在1～10cm随着土层深度增加菌核萌发的数量递减。菌核从萌发到弹射子囊孢子需要较高的土壤温度和大气相对湿度。发生流行的适宜温度为15～30℃，相对湿度为85%以上。

一般菌源数量大的连作地块发病重；栽培过密、通风透光不良的地块发病重；与感病的寄主轮作的地块发病重；8～9月气温低于30℃、降雨频繁的年份发病重。

四、防控技术

（一）选用抗病品种

花生菌核病属于典型的土传病害，目前尚未有抗病品种的报道，据观察，蔓生型晚熟品种相对更为敏感。

（二）栽培防治

在常发病区域，避免将花生与向日葵、大豆等作物相邻；避免与油菜、向日葵和大豆等作物轮作，宜与水稻、玉米等单子叶非寄主作物轮作。及时深翻，将土表菌核深埋，抑制菌核萌发，减少初侵染源。及时排出田间积水，降低田间湿度，减少病害的发生。

（三）科学用药

从菌核萌发到子囊盘萌发盛期，可喷施40%菌核净可湿性粉剂1000倍液或50%腐霉利可湿性粉剂1500~2000倍液，于发病初期喷药防治，间隔7~10天后再喷施一次。

撰稿人：晏立英（中国农业科学院油料作物研究所）
审稿人：廖伯寿（中国农业科学院油料作物研究所）

第二十一节 花生炭疽病

一、诊断识别

（一）为害症状

花生炭疽病主要为害花生叶片，尤其以下部叶片发病较多，逐渐向上扩展。多在叶缘或叶尖产生大病斑，叶缘病斑呈半圆形或长半圆形，直径为1.0~2.5cm；叶尖病斑多沿主脉扩展，呈楔形、长椭圆形或不规则形，病斑面积占叶片面积的1/6~1/3。病斑褐色或暗褐色，有不明显轮纹，病斑边缘呈不明显浅黄褐色，病斑内部黑褐色，在适宜条件下病斑迅速扩大呈不规则形，可蔓延至整个叶片，甚至引起整株死亡。病斑上有许多不明显小黑点，即病菌分生孢子盘（图2-31）。

图2-31 花生炭疽病为害叶片的症状（晏立英 提供）

（二）病原特征

花生炭疽病的病原菌是平头刺盘孢（*Colletotrichum truncatum*），属于子囊菌门（Ascomycota）小丛壳目（Glomerellales）小丛壳科（Glomerellaceae）刺盘孢属（*Colletotrichum*），但我国台湾报道的病原菌为 *C. arachidis*。国外报道的病原菌还有 *C. mangenoti*、*C. capsici* 和 *C. dematium*。据报道，不同种病原菌引起的花生炭疽病症状略有不同。病斑上密生的小黑点为病菌的分生孢子盘，分生孢子盘半球形，直径为 16～33μm，刚毛混生在分生孢子盘中，有或无隔膜，基部黑褐色，尖端颜色变浅，大小为 3～4μm×43～63μm。分生孢子无色透明，单胞，镰刀形，两端略尖，大小为 3.0～3.6μm×16～23μm。

二、分布为害

（一）分布

花生炭疽病是一种分布较为广泛的真菌病害，中国、美国、印度、阿根廷、塞内加尔、坦桑尼亚和乌干达等国家有过报道。在中国，南北方花生产区均有发生，河南、吉林、江西、湖南、山西等省有过报道。

（二）为害

主要为害花生叶片，未见发生大面积流行为害的报道，多数情况下对产量影响不严重。

三、流行规律

（一）侵染循环

病菌以菌丝体和分生孢子盘随病残体在土壤中越冬，或以分生孢子黏附在荚果或种子上越冬，土壤中病残体及带菌的荚果和种子是第二年病害的初侵染源。第二年春季温湿度适宜时，菌丝体和分生孢子盘产生分生孢子，孢子通过风雨传播，到达寄主感病部位，从寄主伤口或气孔侵入致病，完成初侵染。初侵染发病产生病斑后，又可产生新的分生孢子进行再侵染，一个生长季节可产生多次再侵染。

（二）传播规律

在田间，病害主要通过分生孢子借助风雨传播。

（三）流行因素

1. 品种感病性

花生品种对炭疽病的抗性差异尚不明确，少数品种对该病害表现为敏感。

2. 菌源数量

连作地菌源长期积累，容易导致病害发生和流行。

3. 气象条件

温暖高湿的天气条件有利于病害发生。

4. 栽培条件

连作地或偏施过量氮肥导致植株长势过旺的地块往往发病较重。

四、防控技术

（一）栽培防治

花生收获后及时清除病株残体，也可以结合秋季深翻土地掩埋病株残体，但一定要将病株埋于土下20cm。加强栽培管理，合理密植；增施磷钾肥，减少氮肥施用量；雨后及时清沟排水，不留积水，降低田间湿度。重病区花生可与小麦、玉米等禾本科作物实行轮作。

（二）科学用药

1. 种子拌种

播前带壳晒种、精选种子，并用种子重量0.3%的70%托布津+70%百菌清（1∶1）或45%三唑酮·福美双拌种，晾干后播种。

2. 药剂防治

下列药剂均可用于花生炭疽病的防治：30%己唑醇悬浮剂20～30mL、75%百菌清可湿性粉剂100～120g、12.5%烯唑醇可湿性粉剂20～40g、40%氟硅唑乳油8～10mL、30%醚菌酯悬浮剂50～70g、50%咪鲜胺锰盐可湿性粉剂40～60g兑水40～50kg，或50%福美双可湿性粉剂600～800倍液、25%溴菌腈可湿性粉剂600～800倍液、24%腈苯唑悬浮剂1000～1500倍液、10%苯醚甲环唑水分散粒剂1000～2000倍液、43%戊唑醇悬浮剂5000～7000倍液等，每亩喷施药液40～50kg。间隔10～15天喷施一次，连续喷施2或3次。喷药时可加入0.03%的有机硅或0.2%的洗衣粉作为展着剂，药剂应交替轮换使用，防止产生抗药性。

撰稿人：陈坤荣（中国农业科学院油料作物研究所）
审稿人：晏立英（中国农业科学院油料作物研究所）

第二十二节　花生灰霉病

一、诊断识别

（一）为害症状

花生灰霉病是由灰葡萄孢（*Botrytis cinerea*）侵染花生引起的一种真菌病害。一般发生在花生生长前期，顶部叶片和茎最易感病，茎基部和荚果也可受害。受害部位初期形成圆形或不规则形水浸状病斑，似开水烫过一样。天气潮湿时，病部迅速扩大、变褐色、呈软腐状，表面密生灰色霉层（病菌的分生孢子梗、分生孢子和菌丝体），最后导致植株局部或全株腐烂死亡。在天气转晴、高温低湿条件下，轻病株可恢复生长；仅局部死亡的病株也可能恢复生长，长出新的侧枝。天气干燥时，叶片上的病斑近圆形、淡褐色、直径为2~8mm。茎基部和荚果受害后变褐腐烂，病部产生黑褐色菌核（图2-32）。

图2-32　花生灰霉病为害症状（晏立英　提供）

（二）病原特征

花生灰霉病的病原菌无性世代为灰葡萄孢，属于子囊菌门（Ascomycota）柔膜菌目（Helotiales）核盘菌科（Sclerotiniaceae）葡萄孢属（*Botrytis*）；有性世代为富氏葡萄孢盘菌（*Botryotinia fuckeliana*），属于子囊菌门（Ascomycota）核盘菌科（Sclerotiniaceae）葡萄孢盘菌属（*Botryotinia*）。国内尚未发现其有性世代。

病原菌的分生孢子梗直立，丛生，浅灰色，有隔膜，大小为350~500μm×11~19μm，顶端有几个分枝，分枝顶端细胞膨大，近圆形，大小为38.4μm×32.0μm，其上生许多小梗；小梗顶端着生1个分生孢子，形成葡萄穗状。分生孢子卵圆形，单胞，浅灰色，大小为 16.0～28.8μm×16.0～19.8μm。菌核黑褐色，扁圆形或不规则形，表面粗糙，直径为 0.5～5.0mm，菌核萌发产生 2 或 3 个子囊盘。子囊盘直径为 1～5mm，柄长 2～10mm，浅褐色。子囊圆筒形或棍棒形，大小为 100～130μm×9～13μm。子囊孢子卵形或椭圆形，无色，大小为 8.5～11.0μm×3.5～6.0μm。侧丝有隔膜，呈线形。病菌生长的适温为 10～20℃，饱和湿度有利于分生孢子的产生和萌发。

二、分布为害

（一）分布

花生灰霉病是一种世界性病害，分布比较广泛，美国、委内瑞拉、日本、坦桑尼亚、澳大利亚等国家均有报道。我国花生灰霉病主要发生在南方产区，少数年份在北方产区生长后期也有发生。

（二）为害

花生灰霉病在一般情况下危害不严重，在个别地区由于适宜的气候条件可引起病害暴发。春季如遇长期低温阴雨天气，可引起该病害的流行为害，给生产带来较大损失，轻病地死苗率可达 30%。

该菌寄主范围很广，除花生外，还可侵染葡萄、茄子、番茄、甘蓝、菜豆、洋葱、马铃薯、草莓等 60 多种植物。

三、流行规律

（一）侵染循环

病菌以菌核在土壤中或病株残体中越冬，第二年菌核萌发，长出的菌丝、分生孢子梗和分生孢子随气流和风雨传播，在适宜的温湿度条件下，分生孢子萌发，直接侵入或从伤口侵入寄主，是病害的主要初侵染源。几天后从发病部位长出大量的分生孢子，进行多次再侵染，短期内病害就可严重发生。发病后期在病部产生很多菌核，落入土中或在病株残体中越冬。

（二）传播规律

在田间，病菌通过分生孢子借助气流和风雨传播，或通过菌核经雨水及农事操作进行传播。菌核还可通过机械作业进行长距离传播。

（三）流行因素

1. 品种感病性

未发现免疫或高抗的花生品种，但品种间感病性存在差异。大面积种植感病品种易导致病害的流行。花生初花期抗病力最弱，苗期和生长后期抗病力较强。

2. 菌源数量

连作地积累的菌源量较大，容易导致病害的发生和流行。

3. 气象条件

低温和高湿有利于病害的发生流行。据广东观察，病情的发展随气候条件不同而变化，低温、低湿和高温、高湿都不利于病害的发生；气温在12～16℃和相对湿度在90%以上，则有利于病害发生；若气温超过20℃，则不利于病害的发生。长期多雨多雾、气温偏低、花生生长弱是灰霉病发生流行的主要条件。

4. 栽培条件

沙质土发病重，冲积土或黄泥土发病轻。过量偏施氮肥发病重，施用草木灰或钾肥发病轻。

四、防控技术

（一）选用抗病品种

种植抗病品种或抗性较强的花生品种，包括叶色较浅、耐低温能力较强的品种，减轻病害的发生。

（二）栽培防治

实行合理轮作，防止田间积水，降低田间湿度。避免偏施过量氮肥，增施磷钾肥或草木灰。适期播种，长江以南春季寒潮频繁的地区不宜过早播种，以免播种后迟迟不能出苗或出苗后遇上寒潮从而促使灰霉病的发生。北方无霜期短，秋雨较多，生长后期发生此病，不宜过晚播种。

（三）科学用药

发病初期选择下列药剂及时喷施，50%腐霉利可湿性粉剂70～100g，或75%百菌清可湿性粉剂120～200g，或5%己唑醇悬浮剂75～150mL，或50%克菌丹可湿性粉剂150～200g，或21%过氧乙酸水剂150～250mL，或50%硫黄·多菌灵可湿性粉剂150～170g等，兑水40～60kg；也可选用50%异菌脲悬浮剂750～1000倍液，或50%啶酰菌胺水分散粒剂1000～1500倍液，或80%嘧霉胺水分散粒剂1000～2000倍液，或50%咪鲜胺锰盐可湿性粉剂1000～2000倍液，或50%咯菌腈可湿性粉剂4000～6000倍液，或65%甲硫·乙霉威可湿性粉剂600～1000倍液等喷雾，每亩喷施药液40～60kg。间隔7～10天喷施一次，连续喷施2或3次。

撰稿人：陈坤荣（中国农业科学院油料作物研究所）
审稿人：晏立英（中国农业科学院油料作物研究所）

第二十三节　花生紫纹羽病

一、诊断识别

（一）为害症状

花生紫纹羽病是由桑卷担菌（*Helicobasidium mompa*）侵染引起的一种花生真菌性病害。主要侵染花生茎基部、根和荚果，发病初期根、果表面缠绕白色根状菌索，菌索逐渐变为褐色，密结于根、果表面，最后形成紫褐色革质状的菌丝层并覆盖受侵染部位，类似菌毯（图2-33）。病株地上部叶片自茎基部渐次向上发黄枯落，发病早的重病株，根腐烂枯死，不能结荚；发病晚且较轻的病株，病果晒干后易破裂，籽粒小而皱。大雨骤晴易出现急性枯萎症状。

图2-33　花生紫纹羽病为害症状（晏立英　提供）

（二）病原特征

花生紫纹羽病的病原菌无性世代为紫纹羽丝核菌（*Rhizoctonia crocorum*），属于担子菌门（Basidiomycota）鸡油菌目（Cantharellales）角担菌科（Ceratobasidiaceae）丝核菌属（*Rhizoctonia*）；有性世代为桑卷担菌，属于担子菌门（Basidiomycota）卷担菌目（Helicobasidiales）卷担菌科（Helicobasidiaceae）卷担菌属（*Helicobasidium*）。

菌丝紫红色，菌丝层呈红紫色的网膜状，类似纹羽。菌核紫红色，半球形，直径为1～2mm。病菌子实体扁平，深褐色，表面排列一层担子；担子无色，圆筒形或棍棒形，4个细胞，每个细胞生1小梗；小梗顶生无色、单胞、卵圆形的担孢子。

病原菌在PDA培养基上于26℃条件下培养，7～9天才能长出淡褐色的菌丝。菌落不规则，绒毛状，着生大量气生菌丝，正面褐白色至黄棕色，背面黄褐色至深紫红色。培养基表面易形成紫红色的微菌核。菌丝直径为0.3～0.6μm。病原菌的生长温度为8～35℃，最适生长温度为25℃；低于8℃和高于35℃生长停止。生长pH为5.0～9.0，最适生长 pH 为 5.0～6.5。病原菌好氧，在厌氧条件下不能生长，干燥条件下生长受抑制。

二、分布为害

（一）分布

花生紫纹羽病在我国仅零星发生，在辽宁、河南、安徽、湖北、江苏有过发生的报道。

（二）为害

该病害在田间发生率较低，造成的花生产量损失一般不大。除花生外，该病原菌还可侵染为害甘薯、棉花、大豆、梨树、李树、苹果、黄芪、太子参等多种作物、果树和药材等，但危害总体较小。

三、流行规律

（一）侵染循环

花生紫纹羽病菌主要以菌丝体、根状菌索附着在病残体或以菌核在土壤中越冬，是第二年的初侵染源。病菌在土壤中可存活 4～5 年。条件合适时，根状菌索和菌核产生菌丝体，菌丝体集结形成菌束，在土壤表面或浅土层下扩展，当接触到花生的根、茎基部和荚果时侵入为害，形成大量菌丝体，在受害花生组织表面扩展。一般在花生结荚至成熟期达到发病盛期。

（二）传播规律

病原菌在田间通过花生发病部位与健康部位接触、田间农事操作、地面流水等方式进行传播。病残体及使用未经腐熟带有病残体的有机肥，均能传播病害。地区间调运带病花生荚果及带病的寄主苗木以及甘薯块根等，并与花生间作或邻作，可扩散花生紫纹羽病。

（三）流行因素

1. 品种感病性

花生紫纹羽病菌是一种弱寄生菌，一般在花生生长势弱的情况下才容易侵入和产生症状，高度敏感的只是少数花生品种，但迄今关于花生品种对该病害的抗性差异及分布尚未开展系统研究。

2. 菌源数量

病原菌在土壤中可存活多年，连作土壤中菌源数量逐年增加，加重病害的发生。未腐烂的病残体和未腐熟带有病残体的有机肥可加重病害的发生。

3. 气象条件

环境温度、湿度对花生紫纹羽病的发生影响较大。多雨年份发病早而重，高温高湿有利于发病，如在黄淮产区若6～8月遇高温高湿天气则发病重。

4. 栽培条件

病原菌在土壤中的分布集中在土壤耕作层中，在砂质土、土层浅薄或排水通气性好的花生田中，常发生为害。土壤偏酸、缺肥，植株生长不良，可加重病害的发生。重茬地发病相对较重，重茬年限越长，发病越重。低洼潮湿的地块发病重。施用未腐熟的有机质肥料容易引起发病。与感病寄主作物间作可加重病害的发生。

四、防控技术

（一）栽培防治

在发病较重的地区，采用花生与禾本科作物轮作4年以上，特别是水旱轮作，可有效防治该病害，同时对其他土传性真菌病害也具有防治作用。尽量不与甘薯、棉花、大豆等寄主作物间作或轮作。施用充分腐熟的有机肥，促进根系发育；改善排灌条件，防止田间积水，促进花生健壮生长以提高抗病力。及时拔除早期发病的病株并销毁。发病严重的地块，花生播种前施用生石灰（1200～1500kg/hm^2）杀灭病菌。

（二）科学用药

在栽培防治的基础上，对于发病严重的地块可用种子重量0.3%的70%甲基硫菌灵可湿性粉剂或拌种灵拌种后播种。对病株可用70%甲基硫菌灵可湿性粉剂兑水配成药液进行灌根，能起到一定的防治效果。

撰稿人：晏立英（中国农业科学院油料作物研究所）
审稿人：廖伯寿（中国农业科学院油料作物研究所）

第二十四节　花生黑粉病

一、诊断识别

（一）为害症状

花生黑粉病主要为害花生籽仁，在籽仁表面产生黑色病斑，导致籽仁部分或者完全破坏，直至籽仁整体呈黑粉状（黑粉为病菌冬孢子），危害严重时剥开荚果，只见黑粉，不见籽仁（图2-34）。

图 2-34　花生黑粉病为害症状（Rago et al.，2017）

（二）病原特征

花生黑粉病的病原菌是楔孢黑粉菌 *Thecaphora frezii*，属于担子菌门（Basidiomycota）条黑粉菌目（Urocystidales）球孢黑粉菌科（Glomosporiaceae）楔孢黑粉菌属（*Thecaphora*）。

在 PDA 培养基上，菌落形态为圆形，平铺，灰褐色（图 2-35A），适宜培养条件为黑暗，培养温度为（25±1）℃。冬孢子（黑粉）为黑褐色，四分体，直径为 20～40μm，表面带有小刺（图 2-35B）。病原变异程度较低，南美洲不同地区分离的菌株 28S rDNA 的核苷酸相似性为 100%。病菌基因组大小为 29.3Mb（Arias et al.，2023）。

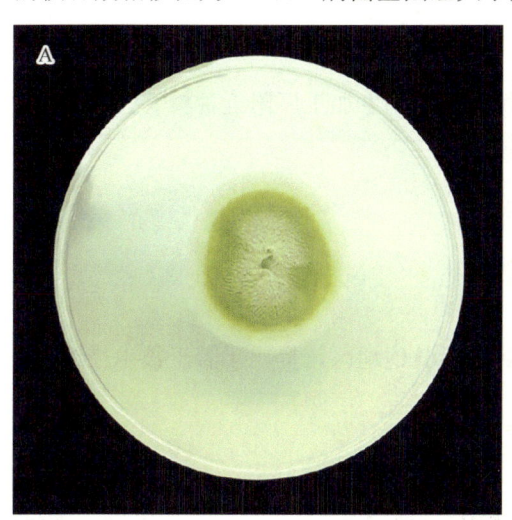

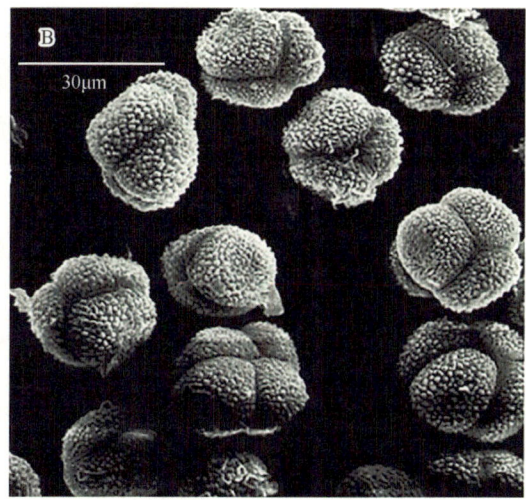

图 2-35　花生黑粉病菌的菌落和冬孢子（Rago et al.，2017）
A：花生黑粉病菌在 PDA 培养基上的菌落；B：花生黑粉病菌的冬孢子

二、分布为害

（一）分布

该病害主要分布在南美洲的阿根廷、巴西和玻利维亚，其他国家未见报道。

（二）为害

该病害在阿根廷主要为害花生的籽仁，导致籽仁腐烂，被黑粉替代。严重地块发病率可达100%，产量损失可达51%。在巴西和玻利维亚，该病害也为害野生花生，但未见在栽培花生上发生。

三、流行规律

（一）侵染循环

花生黑粉病菌产生冬孢子，在土壤和花生病残体上越冬。花生果针入土后，分泌一些次生代谢物，刺激冬孢子萌发，侵染主要发生在开花下针期。冬孢子首先产生一个原担子，随后产生担子，通过减数分裂产生担孢子，当担孢子萌发时，两个担孢子结合后萌发芽管，产生具有侵染性的双核菌丝。双核菌丝可以穿透花生果针，定殖，后期产生大量的冬孢子。花生收获时，荚果破裂，冬孢子散播到土壤中。花生剥壳时，冬孢子可污染其他籽仁，影响花生质量。

（二）传播规律

花生收获时，冬孢子可随风和气流传播到相邻的田块，可随着农机或者种子长距离传播到其他产区。

（三）流行因素

大量种植感病花生品种、连作增加菌源积累、在花生加工厂附近种植等因素，可促进病害的发生和流行。

四、防控技术

（一）病害检疫

国际上为防止花生黑粉病从南美洲传播到世界其他地区，提出了若干技术措施，其中之一是开展花生产品和种子材料的检疫。

（二）选用抗病品种

多数高产花生品种对黑粉病缺乏抗性。在花生野生种和栽培种资源材料中均发现了抗病材料。阿根廷培育出了抗病花生品种EC-191 RC。

（三）栽培防治

在阿根廷，花生种植田要求与花生加工厂相隔一定距离，避免花生脱壳过程中溢出的病菌冬孢子飘落到花生田。使用无菌花生种子。与其他作物进行3年以上的轮作，尤其是与单子叶作物轮作。土壤中施用石膏可减少病害的发生。

（四）科学用药

花生黑粉病可采用一些化学药剂进行防治。采用啶氧菌酯+环唑醇，苯并烯氟菌唑、吡噻菌胺、吡唑萘菌胺、嘧菌酯、环唑醇进行防控具有一定的效果。开花下针期开始喷施，间隔7天后再喷施一次。直接喷施于地面，夜间喷施的效果优于白天。

撰稿人：晏立英（中国农业科学院油料作物研究所）
审稿人：廖伯寿（中国农业科学院油料作物研究所）

第二十五节　花生黄曲霉病与黄曲霉毒素污染

一、诊断识别

（一）为害症状

花生受黄曲霉（*Aspergillus flavus*）侵染后，可表现出黄曲霉病症状。黄曲霉侵染花生种子或幼嫩胚根和胚轴，可导致感染部位腐烂，造成烂种和缺苗（图2-36）。花生出苗后，如果受到黄曲霉侵染，可在子叶上出现红褐色边缘的坏死斑，上面着生大量黄色或黄绿色分生孢子，病斑可进一步扩展到胚轴甚至根部，造成组织坏死。受到黄曲霉侵染的花生幼苗则表现出叶片褪绿、叶脉清晰、叶尖突出、植株矮小等症状，地下根系发育受阻，缺乏次生根系，生长发育、综合抗性和产量均可受到影响。

图2-36　花生黄曲霉病为害症状（廖伯寿　提供）

花生荚果和籽仁在生长、收获、干燥、储藏过程中均易受到环境中黄曲霉的侵染，在干燥条件下受侵染荚果和籽仁多数不表现症状，但在合适的湿度条件下，荚果和籽仁感染部位可长出黄绿色分生孢子，严重时整个荚果或籽仁表面布满黄绿色分生孢子（图 2-37），导致籽仁组织受损并产生黄曲霉毒素污染。与黄曲霉亲缘关系近的寄生曲霉（*Aspergillus parasiticus*）（同为曲霉属真菌）侵染花生籽仁后也能产生黄曲霉毒素。

图 2-37　花生籽仁受黄曲霉侵染的症状（廖伯寿　提供）

（二）病原特征

引起花生黄曲霉病、黄曲霉毒素污染的病原菌为黄曲霉和寄生曲霉，均属于子囊菌门（Ascomycota）散囊菌目（Eurotiales）曲霉科（Aspergillaceae）曲霉属（*Aspergillus*），均为弱寄生菌。

黄曲霉的菌丝无色，有分隔和分枝；产生大量直立、无分枝、无色、透明的分生孢子梗，顶端膨大呈圆形或椭圆形；分生孢子梗顶端着生 2 层放射状分布的瓶状小梗，小梗上着生分生孢子，分生孢子梗顶端呈头状；分生孢子无色，单胞，直径为 3～6μm。寄生曲霉的分生孢子梗顶端着生 1 层放射状分布的小梗，小梗上着生分生孢子，分生孢子梗顶端亦呈头状。在人工培养基上黄曲霉可产生菌核，而寄生曲霉不产生菌核。黄曲霉与寄生曲霉存在侵染能力和产毒能力的差异，这种差异也受到环境条件及拮抗微生物群落的影响。

二、分布为害

（一）分布

黄曲霉和寄生曲霉的分布范围极广，广泛存在于热带、亚热带和温带地区。就花生黄曲霉病而言，在各个地区均可能发生，在热带、亚热带的干旱和半干旱花生产区更为常见，但发病率总体较低。就花生产品受黄曲霉毒素污染而言，发生区域极为广泛，尤其是在广大热带和亚热带地区黄曲霉毒素污染风险较大。随着全球气候变暖、花生种植面积扩大、耕作制度改革、生产管理轻简化技术的普及，黄曲霉毒素污染的风险总体上逐年上升，即使在温带地区黄曲霉毒素污染也呈上升趋势。

（二）为害

黄曲霉作为一种病原真菌，可在花生生长过程中侵染和为害。在花生收获前、收获、干燥及储藏过程中，土壤或环境中的黄曲霉菌丝和分生孢子可侵染花生荚果及籽仁，在合适的温湿度条件下黄曲霉还可在花生籽仁中增殖并对籽仁造成生理性损伤。带菌的花生种子或者播种后被土壤环境中的真菌侵染，可以在花生发芽及出苗过程中引起胚根和子叶腐烂，影响出苗。受黄曲霉侵染引起"黄曲霉根"以及子叶严重腐烂情况下长成的花生苗，经常会表现出植株矮小、叶片褪绿、生长缓慢、抗逆性差，从而可引起花生减产。但是，在大田情况下一般不会出现成片的病株，花生黄曲霉病只是零星发生。

在世界范围内，黄曲霉和寄生曲霉对花生的侵染及为害更多地体现在黄曲霉毒素污染及其导致的食品安全风险方面。黄曲霉和寄生曲霉在花生收获前、收获后均可侵染花生籽仁，可导致收获前、收获后的黄曲霉毒素污染。黄曲霉毒素是曲霉属真菌产生的一大类次生代谢物，基本结构是二呋喃香豆素，并衍生出不同的异构体，主要包括 B_1、B_2、G_1、G_2 等成分，其中以 B_1 最为普遍且毒性最强。黄曲霉毒素是国内外公认的具有剧毒性和强致癌性的真菌毒素，对人、动物可产生急性中毒和慢性危害。花生是最易受黄曲霉毒素污染的农产品之一，黄曲霉毒素污染对食品安全、人体健康、国际贸易均有很大的影响。

三、流行规律

（一）侵染循环

黄曲霉和寄生曲霉是土壤中的死体营养习居菌，广泛存在于多种土壤类型及各种农作物残体中。花生收获前侵染荚果和籽仁的黄曲霉侵染源来自土壤，土壤中的黄曲霉可以直接侵染花生果针、荚果和籽仁。空气中、地表物也存在较多黄曲霉和寄生曲霉的孢子，可在花生收获后的干燥、储藏和加工过程中发生侵染。受侵染的花生荚果、籽仁及植株上的黄曲霉和寄生曲霉可产生大量孢子，既可重复侵染花生或其他农产品，也可随病残体在土壤中越冬。

（二）流行因素

1. 品种感病性

在花生品种之间，荚壳和籽仁对黄曲霉侵染的抗性存在差异，而且籽仁对黄曲霉产毒的抗性也存在差异，但迄今缺少表现免疫的品种，多数种质资源材料、人工育成品种对黄曲霉的侵染表现为易感或高感，仅有少数品种表现出相对抗性。种植易感花生品种相对容易在田间出现黄曲霉病，籽仁受黄曲霉毒素污染的风险也较高。

2. 菌源数量

花生连作旱地菌源数量高，收获前受黄曲霉侵染和黄曲霉毒素污染的风险高。水旱轮作或者与不易受黄曲霉侵染的作物轮作，菌源数量相对较低，花生黄曲霉病的发生概率较低。

3. 气象条件

花生荚果、籽仁在活体条件下能产生植物抗毒素，抵抗黄曲霉侵染和黄曲霉毒素污染，但在荚果水分低于30%的条件下植物抗毒素的合成受到抑制，而此时的湿度条件下黄曲霉还十分活跃，因此花生成熟期遭遇干旱胁迫易增加黄曲霉侵染。在花生收获后的干燥过程中，当荚果含水量为10%～30%时，由于植物抗毒素的合成受阻，也容易发生黄曲霉侵染。当环境极度干旱或花生含水量低于10%时，黄曲霉的活力受到抑制从而不能侵染花生。

4. 栽培措施

田间管理和收获时受损伤的花生荚果以及土壤温湿度波动引起的荚果破裂，可增加黄曲霉侵染的机会，黄曲霉从伤口处侵入并在籽仁上迅速繁殖和产毒。地下害虫为害、病害侵染容易加重黄曲霉侵染和黄曲霉毒素污染，地下害虫如蛴螬、金针虫等为害荚果可造成伤口，有利于黄曲霉的侵染，同时地下害虫也可传播黄曲霉；线虫的侵染也可增加黄曲霉侵染和黄曲霉毒素污染风险。

四、防控技术

（一）选用抗病品种

国内多年筛选并创制出了抗黄曲霉侵染或产毒的花生品种，如抗黄1号、闽花6号、粤油9号、粤油20、粤油256、开农53、中花6号等，选用抗病品种可降低黄曲霉病发生和黄曲霉毒素污染风险。

（二）栽培防治

改善灌溉条件，尤其在花生荚果成熟期要保障水分的供给，可降低收获前因干旱胁迫导致的黄曲霉侵染和产毒风险。同时，应避免在结荚期和荚果成熟期中耕，以免损伤荚果。适时防治地下害虫和病害，可降低因病虫害为害引发的黄曲霉毒素污染风险。花生成熟后，应适时收获。

（三）及时干燥和改进储藏条件

花生收获后利用太阳光、干燥设备或通风设备及时将荚果含水量迅速降低到安全储藏标准（7%～9%），并在冷凉、通风的环境下储藏，或者将荚果放置于充二氧化碳、氮气的包装中储藏，同时做好储藏期害虫防治。

　　撰稿人：雷　永（中国农业科学院油料作物研究所）
　　　　　　晏立英（中国农业科学院油料作物研究所）
　　审稿人：廖伯寿（中国农业科学院油料作物研究所）

第三章

花生虫害

第一节 蛴螬

花生上发生的蛴螬有 10 余种，主要包括鳃金龟和丽金龟，其中以大黑鳃金龟、暗黑鳃金龟、铜绿丽金龟的发生普遍且危害严重。

一、诊断识别

（一）大黑鳃金龟

大黑鳃金龟（*Holotrichia oblita*），属于鞘翅目（Coleoptera）鳃金龟科（Melolonthidae）。

成虫：体长 16~22mm、宽 8~11mm，黑色或黑褐色，具光泽（图 3-1A）。鞘翅长为前胸背板宽的 2 倍，每侧有 4 条明显的纵肋。前足胫节外齿 3 个，内方距 1 根；中、后足胫节末端距 2 根。臀节外露，背板向腹下包卷，与肛腹板相会于腹面。雄性前臀节腹板中间具明显的三角形凹坑；雌性前臀节腹板中间无三角形凹坑，但具一横向的枣红色棱形隆起骨片。

图 3-1 大黑鳃金龟成虫（A）和幼虫（B）（郭巍 提供）

卵：初产时长椭圆形，长约 2.5mm，宽约 1.5mm，白色略带黄绿色光泽。发育后期近圆球形，长约 2.7mm，宽约 2.2mm，洁白色，有光泽。

幼虫：三龄幼虫体长 35～45mm，头宽 4.9～5.3mm（图 3-1B）。头部前顶毛每侧 3 根，其中冠缝旁 2 根，额缝上方近中部 1 根。内唇端感区刺多为 14～16 根，在感区刺与感前片间除有 6 个较大的圆形感觉器外，还有 6～9 个小圆形感觉器。肛门孔呈三射裂缝状。肛腹板后覆毛区无刺毛列，只有钩状毛散乱排列，多为 70～80 根。

蛹：长 21～23mm，宽 11～12mm。化蛹初期为白色，然后变为黄褐色至红褐色。尾节瘦长三角形，端部具 1 对尾角，呈钝角向后岔开。

（二）暗黑鳃金龟

暗黑鳃金龟（*Holotrichia parallela*），属于鞘翅目（Coleoptera）鳃金龟科（Melolonthidae）。

成虫：体长 17～22mm、宽 9.0～11.5mm，暗黑色或黑褐色，无光泽（图 3-2）。前胸背板前缘有成列的褐色长毛。鞘翅两侧缘几乎平行，每侧 4 条纵肋不明显。前足胫节外齿 3 个，中齿明显靠近顶齿。腹部臀节背板不向腹面包卷，与肛腹板相会于腹末。

图 3-2　暗黑鳃金龟成虫（陆秀君　提供）

卵：初产时长椭圆形，发育后期呈近圆球形，长约 2.7mm，宽约 2.2mm。

幼虫：三龄幼虫体长 35～45mm，头宽 5.6～6.1mm。头部前顶毛每侧 1 根，位于冠缝旁。内唇端感区刺多为 12～14 根，在感区刺与感前片间除具 6 个较大的圆形感觉器外，还有 9～11 个小圆形感觉器。肛门孔呈三射裂缝状。肛腹板后覆毛区无刺毛列，只有钩状毛散乱排列，多为 70～80 根。

蛹：长 20～25mm，宽 10～12mm。臀节三角形，2 尾角呈钝角岔开。

(三)铜绿丽金龟

铜绿丽金龟(*Anomala corpulenta*),别名铜绿金龟子、青金龟子、淡绿金龟子,属于鞘翅目(Coleoptera)丽金龟科(Rutelidae)。

成虫:体长19~21mm、宽10.0~11.3mm,体表具金属光泽,体背面铜绿色,前胸背板两侧缘、鞘翅的侧缘、胸及腹部腹面为褐色或黄褐色(图3-3)。鞘翅每侧具不明显纵肋4条,肩部具疣突。前足胫节具2齿,较钝。前、中足大爪分叉,后足大爪不分叉。臀板基部有1个倒等边三角形大黑斑,两侧各有1个小椭圆形黑斑。

图3-3 铜绿丽金龟成虫(赵丹 提供)

卵:初产时椭圆形,乳白色;发育后期呈近圆球形,直径为2.06~2.28mm。

幼虫:三龄幼虫体长30~33mm,头宽4.9~5.3mm。头部前顶毛每侧6~8根,排成1纵列。内唇端感区刺3或4根,在感区刺与感前片间具9~11个圆形感觉器(其中3~5个较大)。肛门孔呈横裂状。肛腹板后部覆毛区无刺毛列,由长针状刺毛组成,每侧多为15~18根,刺毛列前端远未达到钩毛区的前部边缘。

蛹:长18~22mm,宽9.6~10.3mm,长椭圆形。体稍弯曲,腹部背面有6对发音器。

二、分布为害

蛴螬在我国分布广泛,除西藏外均有发生。成虫和幼虫均可造成较大危害,成虫取食杨、柳、榆、桑、核桃、苹果、刺槐、栎等多种果树和林木的叶片,严重时可致林木叶片啃食殆尽,整片叶片只剩叶脉。有的种类成虫也为害农作物及草被。幼虫食性杂,为害各种林木、果树及农作物,咬食幼苗、根和幼茎,常造成幼苗枯死。在花生各生育期均可造成危害,尤其是幼虫在播种后可啃食花生种子、咬断幼苗的根和茎,咬断处断口整齐,轻则缺苗断垄,重则毁种绝收;在生长后期,幼虫喜欢啃食花生嫩果,被咬食后不仅直接造成花生减产,而且容易引起病原菌的侵染(图3-4)。花生因蛴螬为害一般可造成减产20%~40%,严重的可减产70%~80%,甚至绝产,并导致花生品质下降。

图3-4 蛴螬为害花生的症状(郭巍 提供)

三、发生规律

(一)大黑鳃金龟

大黑鳃金龟在我国华南地区1年发生1代,以成虫在土壤中越冬。其他地区一般2年发生1代(少数1年发生1代),存在局部世代现象。在黑龙江省,部分个体3年完成1代。在2年发生1代的地区,以成虫、幼虫交替在55~145cm土层中越冬,越冬成虫于4月中旬在10cm土层土壤温度>16℃时开始出土(10cm日平均土壤温度13.8~22.5℃为出土适宜温度)。在北方地区,盛发期在5月上中旬,5月中下旬田间可初见卵;6月上旬至7月上旬当日平均气温在24.3~27.0℃时为产卵盛期,卵期为10~15天;6月上中旬卵开始孵化,盛期在6月下旬至8月中旬;初孵幼虫一般先取食土中腐殖质,之后取食为害各种作物、苗木、杂草等的地下部分,其中三龄幼虫食量最大。幼虫除了极少数当年化蛹羽化,大多数在秋季10cm土层土壤温度<10℃时向深土层移动、<5℃时全部下潜进入越冬状态。第二年春季,当10cm土层土壤温度>5℃时越冬幼虫开始活动,土壤温度13~18℃为最适活动温度;当土壤温度>23℃时向深土层移动;6月初开始化蛹,6月下旬进入盛期,化蛹深度在20cm左右,当5cm土层土壤温度为26～29℃时，前蛹期约为12天，蛹期约为20天；7月初开始羽化，7月下旬至8月中旬为羽化盛期，成虫羽化后即在土壤中潜伏越冬直至第二年春季才开始出土活动。

大黑鳃金龟越冬虫态为成虫、幼虫不同年份交替发生。以幼虫越冬为主的年份，第二年春播花生受害重，而夏、秋花生受害轻；以成虫越冬为主的年份，第二年春播花生受害轻，夏、秋花生受害重，表现出隔年严重危害的现象，所以有"大小年"之分。

（二）暗黑鳃金龟

暗黑鳃金龟在河北、河南、山东、江苏、安徽等地1年发生1代，多数以三龄老熟幼虫在15～40cm土层筑土室越冬，少数以成虫越冬。以成虫越冬的成为第二年5月出土的虫源；以幼虫越冬的一般春季不发生为害。在黄淮海地区，4月下旬至5月上旬开始化蛹，蛹期为15～20天；5月下旬至6月上旬开始羽化，羽化盛期在6月中旬；7月中旬至8月中旬为成虫活动高峰期，有隔日出土习性。成虫昼伏夜出，日落后出土活动（以20:00～21:00最盛），出土后交尾、取食。雌成虫喜好到花生田产卵，将卵产于土深10cm左右的花生根系周围，卵期为10～15天，7月中旬开始孵化。幼虫有3个龄期，一年四季随土壤温度变化而上下迁移，以三龄幼虫历时最长，7月底至8月上旬进入三龄期，8月下旬为三龄幼虫发生盛期，此时对花生幼嫩荚果的危害最为严重，一直持续到花生收获。花生收获后，幼虫继续为害后茬作物小麦或附近其他嗜食作物，10月下旬以后下移越冬，完成从其他作物到花生田、再由花生田到其他作物为害的生活史。在山东招远，发生规律与河北中南部相近，蛴螬在花生与小麦间交替为害。在河南驻马店，幼虫的孵化盛期为6月下旬至7月中旬，此时段花生生长进入开花下针期，田间出现大量的新生低龄幼虫，集中分布在10cm土层处，占调查虫量的81.4%。在江苏新沂，以老熟幼虫在花生地犁底层越冬为主。暗黑鳃金龟成虫期为45～60天，卵期为7～11天，幼虫期为290天左右，蛹期为20天左右。

（三）铜绿丽金龟

铜绿丽金龟1年发生1代，以老熟幼虫越冬，多发生于砂壤土。当10cm土层土壤温度＞6℃时越冬幼虫开始活动，5月初开始化蛹，5月下旬至6月中旬为化蛹盛期，预蛹期为12天，蛹期约为9天。5月底出现成虫，6月下旬至7月上旬为羽化盛期，也是全年危害最严重的时期，8月下旬渐退。6月中旬至7月中旬为卵孵化盛期，卵期约为10天，孵化幼虫为害至10月中旬进入二三龄期，当10cm土层土壤温度＜10℃时开始下移，以老熟幼虫越冬。幼虫活动主要受土壤温度、湿度的影响，气温＜22℃时不活跃，大雨、大风（＞3级）则活动显著减少。土壤含水量＞15%时才能产卵，适宜卵孵化的土壤含水量为10%～30%。气温在25～26℃时卵期为11天，26.4～29.5℃时卵期为9天。在北京地区，4月10cm土层土壤温度为14.1℃时，50%的幼虫上升至2～10cm土层，31.7%的幼虫在11～20cm土层，构成早春的为害虫源；7～10月10cm土层土壤温度为23℃、土壤含水量为15%～20%时，90%的幼虫在10～35cm土层活动，构成秋季的为害虫源。

四、防控技术

（一）农业防治

1. 测报

做好测报工作，调查虫口密度，掌握成虫发生盛期，及时防治成虫。

2. 深耕翻土

花生收获及种植前深翻，可机械杀伤蛴螬。

3. 合理灌溉

在蛴螬发生严重的地块，合理控制灌溉，或及时灌溉，促使蛴螬向土层深处转移，避开幼苗最易受害时期。

4. 轮作倒茬

花生与禾本科等作物轮作，如连续 2 年以上轮作可破坏蛴螬的生存环境，减轻危害。

5. 合理施肥

避免施用未腐熟的厩肥，抑制成虫产卵。要施用充分腐熟的农家肥，氮、磷、钾肥合理配比，适当控制氮肥，增施磷、钾及微肥，促进花生健壮生长，提高花生抗虫能力。

（二）物理防治

1. 频振式杀虫灯诱杀

暗黑鳃金龟、铜绿丽金龟等种类具有较强的趋光性，在成虫期使用频振式杀虫灯进行诱杀，能有效降低金龟子的数量，减少金龟子的交配及产卵量，压低花生田蛴螬基数。每 40~50 亩安装 1 盏诱虫灯，灯管下端距地面 1.5~2.0m，每天黄昏时开灯，第二天清晨关灯。

2. 性诱剂诱杀

利用人工合成的暗黑鳃金龟、铜绿丽金龟等的性诱剂，在成虫发生前于田间架设诱捕器，安装专用性诱剂诱芯，诱杀成虫；使用时接虫盆内盛水并加入少许洗衣粉，保持水面距诱芯 1cm。

（三）生物防治

1. 微生物杀虫剂

利用活孢子含量为 150 亿个/g 球孢白僵菌（*Beauveria bassiana*）可湿性粉剂防治花

生田地下害虫，用量为3750~4500g/hm²，将菌粉和土混匀，在播种时施药于播种沟、穴内；或中耕期均匀撒入花生根际附近土中，或将菌粉用水稀释后施于根部。

2. 天敌

在花生田周围种植荞麦、红麻等蜜源植物，吸引蛴螬天敌臀钩土蜂，以寄生的方法杀灭蛴螬，可有效降低蛴螬的危害。

（四）科学用药

1. 药剂拌种

采用25% 噻虫·咯·霜灵悬浮种衣剂或0.6kg/L 吡虫啉悬浮种衣剂拌种，可有效防治蛴螬，播种前将药剂加水至干种子量的3%~5%，稀释后均匀喷在种子上并拌匀，勿使种皮破裂，阴干后播种。

2. 土壤处理

播种期常用药剂及其使用方法：3% 辛硫磷颗粒剂撒施于播种沟内，也可以用30% 辛硫磷微囊悬浮剂于播种前兑水喷施于穴内，然后覆土或浅锄，施药后浇水或雨前施药。在前期没有防治或防治效果差、花生初花幼果期蛴螬发生严重的田块，可用40% 辛硫磷乳油喷洒花生茎部，或在晴天用40% 辛硫磷乳油灌根。农药使用严格按照标签，保障施用安全。

撰稿人：郭　巍（中国农业科学院研究生院）
审稿人：赵　丹（河北农业大学植物保护学院）

第二节　灰地种蝇

灰地种蝇（*Delia platura*），又名菜蛆、根蛆、地蛆，属于双翅目（Diptera）花蝇科（Anthomyiidae）。

一、诊断识别

成虫：灰色或灰黄色。雄成虫体较小，体长4~6mm，复眼暗褐色，在单眼三角区的前方处几乎相接。头部银灰色，触角黑色，胸背有3条黑色纵纹，但有的个体不明显，中刺毛明显，呈2列。腹背中央有1条黑色纵纹，腹部长卵形，上、下扁平，灰黄色，中间有1条黑色纵线。雌成虫体长4~6mm，翅展约12mm。体色较雄成虫稍浅，灰色或灰黄色，复眼暗紫色，两复眼距离约为头宽的1/3。胸背面有3条褐色纵线，中刺毛明显，呈2列，前翅基背刺毛极短（图3-5A）。

卵：长约1.6mm，长椭圆形。透明而带白色，表面呈网状纹（图3-5B）。

幼虫：老熟幼虫体长8~10mm，乳白色，略带淡黄，头部极小，口钩黑色。腹部有

7对突起，第1对与第2对等高，第5对与第6对等长（图3-5C）。

蛹：圆筒形，长4～5mm，宽约1.8mm，黄褐色，两端稍带黑色，前端稍扁平；后端圆形并有几个突起（图3-5D）。

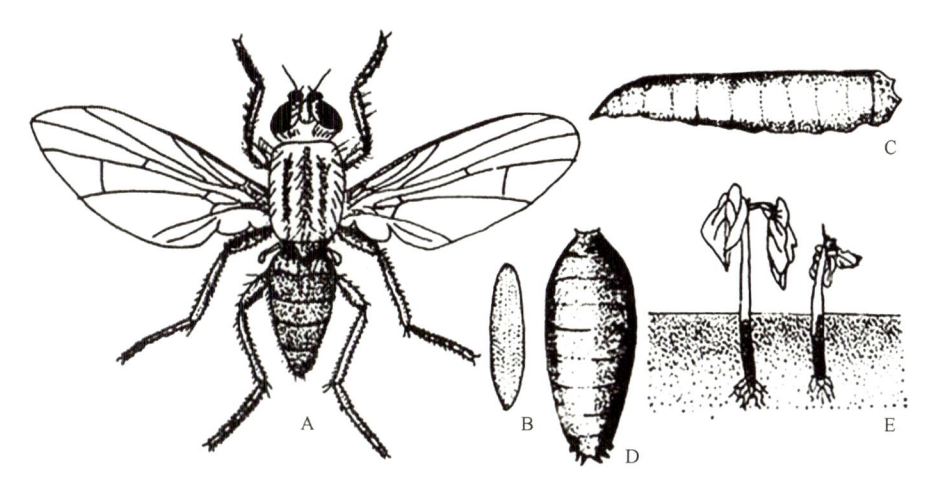

图3-5 灰地种蝇形态特征及其为害症状手绘图（李照会，2011）
A：成虫；B：卵；C：幼虫；D：蛹；E：为害症状

二、分布为害

灰地种蝇分布范围广泛，在国内各地均有发生，尤以华北、东北、西北等区域最为普遍。属于杂食性害虫，可为害几乎所有农作物，尤其是花椰菜、白菜、甘蓝、葱、瓜类、豆类、花生等作物和蔬菜，也为害多种果树和林木。幼虫蛀食种子或幼苗的地下组织，取食胚乳或子叶，引起种芽畸形、腐烂而不能出苗，同时也钻食农作物根部，引起根、茎腐烂或全株枯死（图3-5E）。在为害玉米、薯类、棉花、麻类等大田作物时，幼虫可钻入种子或幼苗，造成大量缺苗断垄。在花生上，主要以幼虫食害种子、影响花生出苗进而引起减产。

三、发生规律

灰地种蝇1年发生2～5代，在南方和长江流域冬季可见各个虫态，在北方则以蛹在土壤中越冬。在黑龙江1年发生2或3代，在陕西1年发生4代，在江西和湖南1年发生5或6代。在华北地区，3～4月大量羽化，并飞迁到有机堆肥及有机质高的土壤中产卵，4月下旬至5月上旬为产卵盛期。5月上旬至6月上旬，第一代幼虫钻入花生种子内蛀食子叶和胚叶，有时也为害幼嫩根茎或幼苗基部，影响出苗和造成断垄。第二代幼虫高峰发生在6月下旬至7月中旬。第三代幼虫高峰发生在9月下旬至10月中旬。10月下旬以后，老熟幼虫潜入土壤中化蛹越冬。完成1代所需时间与气温有关，在25℃以上完成1代需19天，春季均温17℃时需42天，秋季均温12～13℃时则需52天，35℃以上时70%的卵不能孵化，幼虫、蛹多数死亡，故在秋季灰地种蝇少见。成虫喜在有机质较多的地里产卵。卵、幼虫和蛹均生活于土壤中，受土壤湿度影响甚大，卵在干燥的土壤中孵化率很低，当土壤含水量为35%时，孵化率可达85%～100%，幼虫和蛹在潮湿的土壤中有利于其发育。在第一代幼虫发生期，正值花生播种阶段，种子易遭其食害。花生播种过早、土壤温度低、种子出土慢或其他原因造成烂种，均能招引灰地种蝇产卵而加重危害。

四、防控技术

（一）农业防治

采用轮作方式，尤其是对往年发病重的重茬地，一般与非葱蒜类作物轮作。灰地种蝇对有机肥的发酵气味有强烈趋性，所以施用的饼肥、鸡粪、猪粪、牛羊粪应充分腐熟，有机肥应深施或盖土，以防灰地种蝇聚集产卵。

（二）物理防治

使用糖醋液（糖：白醋：白酒：清水配比为1∶4∶1∶16）诱集灰地种蝇成虫，同时可对灰地种蝇进行预测预报，当盆内诱集得到的成虫数量突然增加时，或雌雄比例近1∶1时，为成虫的发生盛期，应立即用药防治。幼虫防治适期为成虫高峰日后的11～15天。此外，还可利用灰地种蝇对黄色的趋性，采用黄色诱虫板诱杀成虫。

（三）科学用药

在幼虫发生初期，用50%地蛆灵乳油或5%辛硫磷乳油，对花生根部进行喷灌。在成虫发生期，可喷洒40%毒死蜱乳油、2.5%溴氰菊酯乳油或40%辛硫磷乳油进行防治，由于成虫发生期较长，宜间隔5～7天连续用药2或3次。

撰稿人：李瑞军（河北农业大学植物保护学院）
审稿人：郭　巍（中国农业科学院研究生院）

第三节　小地老虎

小地老虎（*Agrotis ypsilon*），别名土蚕、地蚕，属于鳞翅目（Lepidoptera）夜蛾科（Noctuidae）。

一、诊断识别

成虫：体形略扁，灰黑稍带黄色，体表布满黑色圆形小突起，体长16～23mm，翅展42～54mm。前翅黑褐色，亚基线、内横线、外横线及亚外缘线均为双波线；中部有环状纹和肾状纹，肾状纹外方有1个尖端向外的楔形纹，在亚缘线上有2个尖端向内的黑褐色楔形纹；后翅淡灰白色，翅脉及边缘黑褐色，缘毛灰白色。

卵：馒头形，卵壳表面有纵横相交的隆线。

幼虫：共6龄，体长37～47mm，头宽3.0～3.5mm，黄褐色至黑褐色，体表粗糙。头部后唇基等边三角形，颅中沟很短，额区直达颅顶，顶呈单峰。腹部第1～8节背面各有4个毛片，后2个比前2个大1倍以上。腹末臀板黄褐色，有2条深褐色纵纹（图3-6）。

图3-6　小地老虎幼虫（李瑞军　提供）

蛹：长18～24mm，红褐色至暗褐色，腹末稍延长，有1对较短的黑褐色臀棘。

二、分布为害

小地老虎为多食性害虫，寄主多，分布广，主要在豆科、十字花科、茄科、百合科、葫芦科，菠菜、莴苣、茴香等多种蔬菜以及花生、烟草、麻类、芦笋等作物的苗期为害，同时也是果园、花卉苗圃及草坪的重要害虫之一。在一年四季中，主要以春秋两季发生较严重。成虫昼伏夜出、远距离迁飞的习性十分明显，具有较强的趋光性，白天也在土块下、杂草间潜藏。在花生上，小地老虎一龄、二龄幼虫群集于幼苗顶心嫩叶处，昼夜取食，形成白斑或小洞。三龄以后分散，从近地面处咬断茎或叶柄，出现缺苗断垄，或者咬食没有出土的种子。五龄之后幼虫的食量大幅增加，可造成严重危害。

三、发生规律

小地老虎在西北地区1年发生2或3代，在黄河流域地区1年发生3或4代，在长江流域地区1年发生4或5代，在南亚热带地区1年发生6或7代。南方地区越冬代成虫可在2月出现，华南以北的全国大部分地区羽化盛期在3月下旬至4月上旬，宁夏、内蒙古等北部地区发生在4月下旬。黄河以南是主要受害区，第一代幼虫在4～6月为害春播作物幼苗，第二代或第三代幼虫为害蔬菜幼苗。成虫白天不活动，傍晚至前半夜活动最盛，喜欢吃酸、甜、酒味的发酵物和各种花蜜。在花生上，广东、广西、海南地区春秋两季均可发生为害，其他产区则主要是第一代幼虫造成的危害较重。

四、防控技术

（一）农业防治

及时铲除田间、地头、渠道、路旁的杂草，消灭虫卵及幼虫寄生的场所。清除的杂草，要远离庄稼田，沤粪处理。不施未腐熟的有机肥料，防止招引成虫产卵。对高龄幼虫可在清晨到田间检查，如果发现有断苗，拨开附近的土块，进行人工捕杀。

（二）科学用药

可选用 50% 辛硫磷乳油、2.5% 溴氰菊酯乳油、23% 高效氯氟氰菊酯微囊悬浮剂或 30% 噻虫·高氯氟悬浮剂于三龄幼虫盛发期之前喷施，还可选用 2.5% 溴氰菊酯乳油或 50% 辛硫磷乳油，喷拌配成毒土，顺垄撒施于幼苗根茎附近。

撰稿人：李瑞军（河北农业大学植物保护学院）
审稿人：郭　巍（中国农业科学院研究生院）

第四节　黄地老虎

黄地老虎（*Agrotis segetum*），属于鳞翅目（Lepidoptera）夜蛾科（Noctuidae）。

一、诊断识别

成虫：体长 14～19mm，翅展 32～43mm。全体黄褐色。前翅散布小黑点，前翅亚基线及内、中、外横纹不明显；肾形纹、环形纹均甚明显，各具黑褐色边，后翅白色，前缘略带黄褐色。肾状纹外侧无任何斑、线。

卵：半球形，卵壳表面有纵脊纹 16～20 条，直径约为 0.5mm。

幼虫：体长 33～45mm，头部黄褐色，体淡黄褐色（图 3-7）。体表颗粒不明显，体多皱纹而色淡，头部后唇基底边略大于斜边，无颅中沟或很短，额区直达颅顶，顶呈双峰状。小黑点较多，腹部各节背面有毛片 4 个，后 2 个比前 2 个稍大，臀板上有 2 块黄褐色大斑，中央断开。

蛹：长 16～19mm，红褐色，腹部末节有臀刺 1 对，腹部背面第 5～7 节刻点小而多。

二、分布为害

黄地老虎在我国分布广泛，以北方各省居多，是新疆、甘肃、青海、内蒙古等干旱少雨地区和灌溉耕作区的重要地下害虫，为多食性害虫，为害各种农作物、牧草及草坪。

成虫白天潜伏于作物基部或杂草荫蔽处，傍晚飞出交尾、产卵；幼虫为害多种农作物、蔬菜、牧草及林木、果树的苗木，各龄期幼虫的生活和为害习性不同。在花生上，为害特点与小地老虎相似。

图 3-7 黄地老虎幼虫（李瑞军 提供）

三、发生规律

黄地老虎在新疆北部 1 年发生 2 代；在东北、黄淮海地区 1 年发生 2 或 3 代，世代重叠；在华中地区 1 年发生 4 代。主要以老熟幼虫在土中越冬，少数以三龄或四龄幼虫越冬。一般越冬代幼虫于 3 月中旬开始化蛹，4 月上旬见蛾，5 月上旬出现高峰，大发生年 5 月中下旬还会出现两次较大的成虫高峰，长达 60 余天。第一代成虫在 7 月中旬出现主高峰，第二代成虫在 9 月中旬出现高峰，第三代成虫在 10 月下旬出现高峰，11 月下旬还能见到成虫活动和产卵。

四、防控技术

（一）农业防治

及时清除田间及沟边的杂草。清除杂草可消灭黄地老虎成虫的部分产卵场所，以及减少幼虫早期食物来源。

（二）科学用药

黄地老虎一龄至三龄幼虫期的抗药性差，且暴露在寄主植物或地面上，是药剂防治的最佳时期。选用 50% 辛硫磷乳油、2.5% 溴氰菊酯乳油，围绕花生根际进行点滴防治，以药液渗入土中为宜。也可用 1% 辛硫磷粉剂、2.5% 溴氰菊酯乳油或 50% 辛硫磷乳油加干土混配成毒土，撒于花生幼苗四周土面上，于傍晚撒施防治四龄以上幼虫，杀虫效果均好，或直接喷雾各种胃毒农药，均有良好的防效。

撰稿人：李瑞军（河北农业大学植物保护学院）
审稿人：郭　巍（中国农业科学院研究生院）

第五节 金 针 虫

金针虫，成虫俗称叩头虫，属于鞘翅目（Coleoptera）叩甲科（Elateridae），其中以沟金针虫（*Pleonomus canaliculatus*）为害最为普遍。

一、诊断识别

成虫：雌成虫体长14～17mm、宽4～5mm，体较扁平；触角锯齿状，11节，约为前胸的2倍；前胸背板宽大于长，正中部有较小的纵沟；足呈茶褐色。雄成虫体长14～18mm，宽约3.5mm，体形细长；触角丝状，12节，约为前胸的5倍，可达前翅末端；体呈浓栗色，全身密生黄色细毛。

卵：近椭圆形，乳白色，长0.7mm，宽约0.6mm。

幼虫：老熟幼虫体长20～30mm，体黄色，细长圆筒形，略扁，体壁坚硬而光滑，具黄色细毛，尤以两侧较密。头和口器暗褐色，头扁平，上唇三叉状突起，胸背到第10节背面正中有1条细纵沟。尾端分叉，并稍向上弯曲，各叉内侧有1个小齿（图3-8）。

图3-8 沟金针虫幼虫与成虫

蛹：纺锤形，黄褐色，雄蛹长15～19mm，雌蛹长16～22mm。

二、分布为害

沟金针虫的主要分布区域北起辽宁，南至长江沿岸，东起黄海沿岸，西至陕甘地区，旱作区的粉砂壤土和粉砂黏壤土地带发生较重，为多食性地下害虫。幼虫长期生活在土壤中，主要为害禾谷类作物、薯类作物、豆类作物、甜菜、棉花及各种蔬菜、林木幼苗等。越冬幼虫早春即上升活动，平均土壤温度在10～15℃时活动和危害较重，而当土壤温度上升到20℃时，则向下移动，不再为害，冬季潜居于深层土壤中越冬。沟金针虫幼虫通常咬食刚播下的花生种子，吃掉胚芽和胚乳，使种子不能出苗；出苗后则会继续为害花生根部，造成幼苗枯萎，严重时可造成缺苗断垄。花生结荚后，沟金针虫蛀食荚果，并促使荚果、根茎发生多种土传病害。

三、发生规律

沟金针虫3年发生1代，少数2年、4~5年或更长时间才发生1代。以成虫和各龄期幼虫在土壤中越冬。老熟幼虫于8月下旬在16~20cm深的土层内作土室化蛹，蛹期为12~20天，9月初开始羽化为成虫，在原蛹室中越冬。第二年3月初开始活动，4~5月为活动盛期，随后越夏，再进行秋季为害，之后越冬。成虫在夜晚活动、交配，产卵于3~7cm深的土层中，卵期为35天。成虫具假死性，昼伏夜出，夜间取食，雄成虫善飞，不取食，有趋光性。雌成虫无后翅，不能飞翔。

四、防控技术

（一）农业防治

深翻土地、合理施肥、合理间作或套种、轮作倒茬是减轻虫害的措施。金针虫在生长发育季节若遇淹水，可显著减少虫源基数。冬季深翻可破坏金针虫的冬眠环境，夏季翻耕暴晒可消灭越夏幼虫。花生生育期通过消灭杂草、减少成虫取食和产卵机会等都可减轻金针虫的危害。

（二）科学用药

选用23%吡虫·咯·苯甲悬浮种衣剂、600g/L吡虫啉悬浮种衣剂或20%克百·多菌灵悬浮种衣剂包衣拌种，或选用15%毒死蜱颗粒剂或5%辛硫磷颗粒剂拌土后撒施，或选用30%毒·辛乳油喷雾灌根，可以有效防治金针虫。

撰稿人：陆秀君（河北农业大学植物保护学院）
审稿人：郭　巍（中国农业科学院研究生院）

第六节　华北蝼蛄

华北蝼蛄（*Gryllotalpa unispina*），俗称拉拉蛄、地拉蛄，属于直翅目（Orthoptera）蝼蛄科（Gryllotalpidae）。

一、诊断识别

成虫：雌成虫体长45~66mm，雄成虫体长39~45mm，体黄褐色，头暗褐色，前胸背板盾形，其前缘内弯，背中间具一心形、暗红色斑，前翅黄褐色，平叠在背上，长15mm，覆盖腹部不足一半，后翅长30~35mm，纵卷成筒状，前足发达，中、后足小（图3-9）。

图 3-9　华北蝼蛄成虫（郭巍　提供）

卵：椭圆形，初产时长 1.6～2.8mm、宽 1.1～1.5mm，孵化前长 2.4～2.8mm、宽 1.5～1.7mm。初产时黄白色，后变为黄褐色，孵化前呈深灰色。

若虫：形似成虫，体较小，初孵时体乳白色，头胸细，二龄以后变为黄褐色，五龄和六龄后基本与成虫同色。

二、分布为害

华北蝼蛄是杂食性害虫，主要分布于北纬 32° 以北的江苏、河南、河北、山东、山西、陕西、内蒙古、辽宁、吉林、黑龙江等地，成虫和若虫均在土中活动，可为害多种园林植物的花卉、果木及林木，以及多种球根和块茎植物，主要咬食植物的地下部分。蝼蛄对花生和其他作物的危害表现在两个方面：一是成虫和若虫咬食植物幼苗的根及嫩茎（直接为害）；二是成虫和若虫在土下活动，开掘隧道，使苗根和土壤分离，造成幼苗干枯死亡，致使苗床缺苗断垄（间接为害）。

三、发生规律

华北蝼蛄 3 年发生 1 代，若虫 13 龄，以成虫或各龄若虫在土内越冬，第二年春季 3～4 月开始活动，当 10cm 深土壤温度达 8℃ 左右时若虫开始上升到土壤表层为害，在地表形成长约 10mm 的松土隧道，4～5 月隧道大增，即为害盛期；6 月上旬开始出窝迁移和交尾、产卵；6 月下旬至 7 月中旬为产卵盛期；8 月为产卵末期。越冬成虫于 6～7 月交配，产卵前在土深 10～18cm 处作鸭梨形卵室，上方挖一运动室，下方挖一隐蔽室。4 月是为害高峰期，9 月下旬为第二次为害高峰期。秋末以若虫越冬。若虫从三龄开始分散为害。如此循环，第三年 8 月羽化为成虫，进入越冬期。

四、防控技术

（一）农业防治

从整地到苗期管理，深翻土地，适时中耕，清除杂草，改良盐碱地，不施用未腐熟的有机肥等，创造不利于害虫发生的环境条件。

（二）科学用药

选用3%阿维·吡虫啉颗粒剂或5%辛硫磷颗粒剂拌土后撒施，或使用20%克百·多菌灵悬浮种衣剂包衣拌种。

撰稿人：陆秀君（河北农业大学植物保护学院）
审稿人：赵　丹（河北农业大学植物保护学院）

第七节　花生新黑地珠蚧

花生新黑地珠蚧（*Neomargarodes niger*），又称乌黑新珠蚧、花生新珠蚧，属于半翅目（Hemiptera）珠蚧科（Margarodidae）。

一、诊断识别

成虫：雌成虫体长4.0～8.5mm，宽3～6mm；虫体粗壮，阔卵形，背面向上隆起，腹面较平；体表柔韧，乳白色，多皱褶，密被黄褐色柔毛，特别是前足间毛长且密；触角短粗，塔状，6节；前足为开掘足，特别发达，爪极粗壮且坚硬，黑褐色。雄成虫体长2.5～3.0mm，棕褐色；复眼朱红色，很大；触角黄褐色，栉齿状；胸部宽大，前胸背板宽大，黑褐色，前缘白色，两侧多生褐色长毛；中胸背板褐色，前盾片隆起呈圆球形，盾片中部套折形成1横沟，翅基肩片1对；腹部各节背面具1对褐色横片，第6、7腹节的褐色横片狭小；前翅发达，前缘黄褐色，中段呈齿状，后缘臀角处有1个指状突出物，翅脉为不明显的2条纵脉；后翅退化成平衡棒。

卵：乳白色，椭圆形或卵圆形，呈块状。

幼虫：一龄幼虫体形较小，乳黄色，口器发达；二龄幼虫形成浅褐色圆形虫体，后变成黑褐色，体表被蜡层，雌性幼虫虫体比雄成虫虫体稍大。

雄蛹：长而扁，长约3mm，触角、足、翅芽外露。

二、分布为害

花生新黑地珠蚧在花生各主产区均有分布，主要以幼虫成群集聚在花生根部为害，通过刺吸方式吸取根部汁液，导致花生地下根部变褐、变黑，地上叶片变黄脱落，侧根减少，根系衰弱，严重的甚至根系腐烂，结荚少且荚果瘪，果针韧性差，收获时荚果易脱落。地上部分生长缓慢，小叶边缘发黄，叶片由下而上慢慢变黄脱落，受害严重的植株枯萎死亡（图3-10）。

图3-10 花生新黑地珠蚧为害症状及其成虫形态（球体状）（赵丹 提供）

三、发生规律

花生新黑地珠蚧1年发生1代，以二龄幼虫在寄主根部土壤内20cm以上的土层越冬，第二年4月底至5月上中旬虫体出壳，开始化蛹，蛹期为15～25天。5月中下旬雌成虫开始羽化，下旬为雄成虫羽化盛期。6月上中旬产卵，产卵后雌成虫逐渐死亡，卵期为20～30天，6月下旬至7月上旬为孵化盛期，幼虫开始出土活动，也是防治的关键时期。7月为二龄幼虫为害盛期，虫体颜色由浅变深，自身足部和腹部逐渐退化，失去活动能力。8月上中旬逐渐形成球状体。9月下旬花生收获时，大量的球体脱离花生根部，在土壤中休眠越冬。

四、防控技术

（一）农业防治

利用轮作方式进行防治，与小麦、玉米、芝麻、瓜类等非寄主作物轮作，3～5年不种植花生、豆类等寄主植物，可减少土壤中越冬虫源基数，减轻危害。

（二）科学用药

用30%毒死蜱·辛硫磷微囊悬浮剂、50%辛硫磷乳油顺垄喷灌花生根部，危害严重时连续施药3次，间隔7天喷施一次，或撒施3%辛硫磷颗粒剂进行防治。

撰稿人：陆秀君（河北农业大学植物保护学院）
审稿人：郭 巍（中国农业科学院研究生院）

第八节 花 生 蚜

花生蚜（*Aphis craccivora*），属于半翅目（Hemiptera）蚜科（Aphididae）。

一、诊断识别

成虫：可分为有翅胎生雌蚜和无翅胎生雌蚜两种。①有翅胎生雌蚜体长1.6～1.8mm，黑色或黑绿色，有光泽。触角6节，长度约为体长的0.7倍，橙黄色，第三节具感觉圈4～7个，多数5或6个，排列成行，第5节末端及第6节呈暗褐色。翅基、翅痣和翅脉均为橙黄色，后翅具中脉和肘脉。足黄白色，前足胫节端部、跗节和后足基节、转节及腿节、胫节端部褐色。腹部第1～6节背面有硬化条斑，第1节及第7节两侧各有1对侧突。腹管圆筒状，黑色，较细长，端部稍细，具覆瓦状花纹，约为尾片长度的3倍。尾片乳突状，黑色，明显上翘，两侧各具3根刚毛。②无翅胎生雌蚜体长1.8～2.0mm，体较肥胖，黑色或紫黑色，有光泽，体被甚薄的蜡粉。触角6节，约为体长的2/3，第3节无感觉孔，第1节、第2节和第5节末端及第6节黑色，其余黄白色。腹部第1～6节背面隆起，有一块灰色斑，分节界限不清，各节侧缘有明显的凹陷。足黄白色，胫节、腿节端和跗节黑色。腹管细长，黑色，约为尾片长度的2倍。其他特征与有翅胎生雌蚜相似。

若蚜：与成蚜相似。若蚜体小，灰紫色，体节明显，体被薄蜡粉。

卵：长椭圆形，初产淡黄色，后变草绿色至黑色。

二、分布为害

花生蚜在全国各地均有分布，其中山东、河南、河北等地受害相对较重。除花生外，还为害豌豆、菜豆、豇豆、扁豆等豆类作物，苜蓿、紫云英等绿肥植物，"三槐"（刺槐、紫穗槐、国槐）以及荠菜、地丁、野豌豆等寄主植物，共200余种。全年均营孤雌生殖，以无翅雌成蚜、若蚜在背风向阳的山坡、沟边、路旁的荠菜、地丁、野苜蓿以及秋播的豌豆、蚕豆等心叶及根茎处越冬，也有少量以卵在枯死寄主残株上越冬。第二年先在越冬寄主上生活繁殖，然后再扩散迁移，在田间呈核心分布。先有个别植株受害，形成核心，然后再向四周扩散蔓延。在华南各省，能在豆科植物上继续繁殖，无越冬现象。花生蚜发生的适宜温度在25℃以下，适宜相对湿度为60%～75%，当空气相对湿度高于80%时繁殖受阻，低于50%时若蚜大量死亡。

花生从出苗至收获，均可受蚜虫为害，但以初花期前后受害最为严重。蚜虫多集中在嫩茎、幼芽、顶端心叶、嫩叶背面和花蕾、花瓣、花萼管及果针上为害（图3-11）。受害严重时叶片卷曲，生长停滞，影响光合作用和开花结实，荚少果秕，甚至枯萎死亡。受害花生一般减产20%～30%，严重者减产达60%以上。花生蚜是5种以上花生病毒病的主要传毒介体，是导致病毒病蔓延、流行的主要因素之一。

图 3-11　花生蚜为害症状（郭巍　提供）

三、发生规律

花生蚜每年发生代数，因地理位置、气候条件的不同而有所差异。在广东、福建等地，1年发生30多代；在山东、河北，一般1年发生20代；在辽宁，不同年份因气候条件不同发生世代数不同，1年发生6~21代。完成一代需5~17天，于3月上中旬开始在越冬寄主上繁殖，4月中下旬温度达14~15℃时产生大量有翅蚜，向刺槐、紫穗槐的嫩梢和十字花科、豆科杂草迁飞，形成第一次迁飞高峰。5月中下旬花生出土后，由中间寄主向附近的花生田迁飞，形成第二次迁飞高峰，造成6月上中旬花生田内点片发生为害。6月中下旬可形成第三次迁飞高峰，在花生田内外扩展为害，如遇干旱、少雨、气温较高，则繁殖极快，7~8天即可完成1代，虫口密度剧增，这是花生蚜防治的关键时期。7~8月，如遇雨季来临，湿度大，气温升高，加之天敌数量增加，则田间蚜量可明显减少。蚜虫多隐蔽在较阴凉的场所活动。9月下旬至10月上旬，气温下降，花生收获后，有翅蚜迁飞到十字花科或豆科杂草上为害和越冬。少数可产生性蚜，交尾后产卵，以卵越冬。

四、防控技术

（一）生物防治

可利用天敌防治花生蚜，如瓢虫、草蛉、食蚜蝇等。当田间百墩花生蚜量4头左右、瓢：蚜为1∶100时，蚜虫为害可以得到有效控制。合理布局作物种类，实行麦田与花生田插花种植，可以增加瓢虫的数量，有利于减轻蚜虫的危害。

（二）物理防治

利用蚜虫对黄色的趋性，在田间放置黄色粘虫板诱蚜，也可在田间挂银灰色塑料膜条，驱避蚜虫。

（三）科学用药

当有蚜株率达 30%，平均每穴花生蚜量达 20~30 头时，可选用化学药剂进行防治。用 10% 吡虫啉可湿性粉剂、20% 啶虫脒可溶粉剂、25% 噻虫嗪水分散粒剂等叶面喷雾防治；或选用 25% 甲·克悬浮种衣剂 700~1000g/100kg 种子、22% 苯醚·咯·噻虫悬浮种衣剂或 30% 噻虫嗪悬浮种衣剂，将药剂加干种子量 3%~5% 的水稀释后搅拌均匀，喷在种子上，勿使种皮破裂，阴干后播种。

撰稿人：郭　巍（中国农业科学院研究生院）
审稿人：赵　丹（河北农业大学植物保护学院）

第九节　叶　螨

为害花生的叶螨，也称红蜘蛛，包括北方优势种二斑叶螨（*Tetranychus urticae*）、南方优势种朱砂叶螨（*Tetranychus cinnabarinus*），两者均属于蜱螨目（Arachnoidea）叶螨科（Tetranychidae）。

一、诊断识别

（一）二斑叶螨

成螨：雌成螨椭圆形，体长 0.42~0.56mm、宽 0.26~0.36mm，足 4 对，体色呈淡黄色或黄绿色，越冬型体色为橙黄色，体背两侧各有一块明显黑斑（图 3-12）。雄成螨体长 0.36~0.40mm、宽 0.19~0.22mm，头胸部近圆形，腹末稍尖，呈菱形，体色为黄绿或橙黄色，阳具端弯向背面，两侧突起尖利，体背两侧也各有一块黑斑。但滞育型（越冬型）暗色斑逐渐消退。肤纹突呈较宽阔的半圆形，有滞育。

卵：圆形，白色，后期淡黄色，镜下可见红色眼点。初孵幼螨足 3 对，蜕皮 2 次成若螨。

若螨：足 3 对，体色为绿色或墨绿色。

（二）朱砂叶螨

与二斑叶螨极相似，区别在于朱砂叶螨体色一般呈红色或锈红色，雌成螨后半体的肤纹突呈三角形，无滞育，雄成螨阳具端锤背缘形成一钝角，卵初产生时无色（图 3-13）。

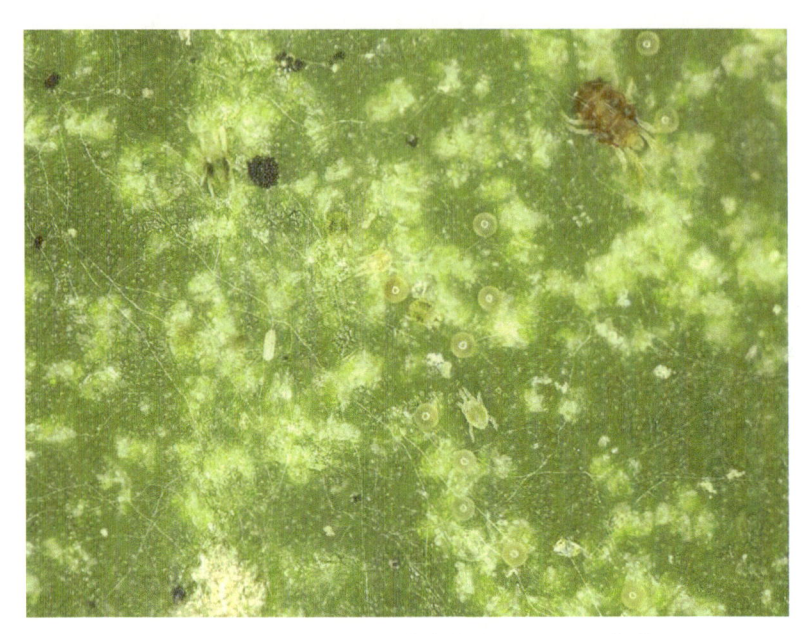

图 3-12 二斑叶螨成螨及其为害症状（赵丹 提供）

图 3-13 朱砂叶螨形态特征及其为害症状（李瑞军 提供）

二、分布为害

叶螨在全国各省（自治区、直辖市）均有分布，可为害棉花、花生等近 200 种植物。近年来，花生上的叶螨为害逐步加重，严重影响花生的正常生长，已成为花生生产上的重要虫害之一。叶螨群集在花生叶背吸食汁液，受害叶面初为灰白色，逐渐变黄，受害严重的叶片干枯脱落。在叶螨发生高峰期，成螨吐丝结网，虫口密度大的地块可见花生叶表面有一层白色丝网，且大片的花生叶片被联结在一起，严重影响光合作用，阻碍正常生长，使荚果干瘪，导致产量下降。

三、发生规律

花生上的叶螨在北方1年发生12～15代，在南方1年则发生20代以上。越冬场所随地区不同，在华北以雌成螨在草根、枯叶及土缝或树皮裂缝中吐丝结网越冬；在华中以各种虫态在杂草及树皮缝中越冬。2月均温达5～6℃时，越冬雌螨开始活动，3～4月先在杂草或其他为害对象上取食，4月下旬至5月上旬迁入花生田为害，6月至7月上旬为发生盛期，对春花生造成局部危害，7月雨季到来，种群数量下降，8月如遇干旱气候可再次大发生，影响花生后期生长。9月气温下降后陆续向杂草上转移，10月开始越冬。花生上的叶螨繁殖速度快，夏季约10天即可繁殖1代。成螨羽化后即交配，第二天可产卵，每头雌螨能产卵50～110粒，多散产于花生叶背。雌螨为两性生殖，有时也可孤雌生殖。幼螨和前期若螨不爱活动，危害不大；后期若螨则活泼贪食，有向上爬的习性。当繁殖数量过多时，常在叶端群集成团，吐丝结网并借助风力扩散传播为害。

花生上叶螨的发生与花生的生长期及环境条件密切相关。花生地前茬作物为豆类、瓜类的比前茬作物为水稻、小麦的虫害发生严重。花生生长中期（始花期）叶螨种群数量迅速增加，荚果期达到高峰。高温、低湿适于虫害的发生，暴雨对其有一定的抑制作用。据山东省花生研究所调查，当山东5～7月降水量少于150mm、平均温度高于25℃、相对湿度70%以下时，叶螨严重发生。

四、防控技术

（一）农业防治

加强田间管理，保持田园清洁，及时清除田间病残体及田间、周边杂草，减少虫源；合理进行作物布局，避免叶螨在寄主间相互转移为害，提倡与非寄主作物轮作，避免与豆类、瓜类轮作；气候干旱时注意浇水，增加田间湿度；花生收获后及时深翻，可杀死大量越冬虫源。

（二）生物防治

利用食螨瓢虫、暗小花蝽、草蛉等天敌，对花生叶螨有较好的控制作用；也可利用"以螨治螨"的方法，如巴氏新小绥螨、智利小植绥螨等捕食螨，控制花生叶螨的危害。

利用植物源农药0.5%藜芦碱可溶液剂、植物精油等生物农药，能溶解花生叶螨体表蜡质层，使其脱水干燥而死，对捕食螨安全无害。

（三）科学用药

当花生田间发现虫害中心或受害株率达20%以上时，要及时喷药防治，注意药液要喷到花生叶背，雾点均匀。另外，对田边的杂草等寄主植物也要喷药，防止其扩散。同时，轮换使用药剂，延缓抗药性的产生。药剂可选用 15% 哒螨灵乳油、22.4% 螺虫乙酯乳油、73% 炔螨特乳油、3% 阿维菌素乳油、43% 联苯肼酯悬浮剂，均匀喷雾防治。

撰稿人：郭　巍（中国农业科学院研究生院）
审稿人：赵　丹（河北农业大学植物保护学院）

第十节　蓟　马

为害花生的蓟马种类较多，其中主要之一是端大蓟马（*Megalurothrips distalis*），别名端带蓟马、花生端带蓟马、豆蓟马、紫云英蓟马，属于缨翅目（Thysanoptera）蓟马科（Thripidae）。

一、诊断识别

成虫：体长 1.6～2.0mm，体色及触角黑褐色，前翅暗黄色，近基部和近端部各有一淡色区，前足胫节暗黄色，各足跗节黄色。头长小于宽，眼前后均有横线纹，触角 8 节，第 1 节端部有 1 对背顶鬃，第 3～4 节感觉锥叉状；口锥伸过前胸腹板 1/2 处，下颚须 3 节，第 3～4 节呈倒花瓶状，端部各有一大而圆的感觉区域和长形呈倒"V"状感觉锥。单眼 3 个，呈三角形排列。前胸长小于宽，背板布满横纹；后胸背片前中部有 5 条横纹，中后部为网纹，两侧为纵纹，前中鬃位于前缘，其后有 1 对无鬃孔；前翅前缘鬃 31 根，前脉鬃 21 根，端鬃 2 根，后脉鬃 15 或 16 根，翅瓣前缘鬃 4 根。

若虫：有 4 个龄期。一龄若虫一般无色透明，虫体包括头、3 个胸节、11 个腹节；在胸部有 3 对结构相似的胸足，无翅芽。二龄若虫金黄色，形态与一龄若虫相同。三龄若虫白色，具有发育完好的胸足、翅芽和发育不完全的触角，身体变短，触角直立，少动，又称"前蛹"。四龄若虫白色，在头部具有发育完全的触角、扩展的翅芽及伸长的胸足，又称"蛹"，不透明，肾形。

卵：呈肾形。

二、分布为害

端大蓟马在我国南北方花生产区均有发生，分布于北京、贵州、陕西、四川、河南、河北、辽宁、江苏、福建、台湾、山东、湖北、湖南、广东、海南、广西、云南等省（自治区、直辖市）。端大蓟马的寄主植物种类繁多，除花生外，还为害四季豆、豌豆、蚕豆、丝瓜、胡萝卜、白菜、油菜等蔬菜，以及红花草、小麦、水稻、菊花、胡枝子、珍珠梅、紫云英、嘴唇花、象牙红、苜蓿等。成虫和若虫为害花生新叶及嫩叶（图 3-14），以锉吸式口器锉伤嫩心叶，吸食汁液。受害叶片呈现黄白色失绿斑点，叶片变细长，皱缩不展开，形成"兔耳状"。受害轻的植株生长、开花和受精过程受到影响，严重的植株生长停滞，矮小黄弱。花受害后，花朵不孕或不结实。

图3-14 端大蓟马成虫（A）及其为害花生叶片症状（B）（李瑞军 提供）

三、发生规律

端大蓟马因为雄性寿命较短，在某些条件下，雄性不能越冬。端大蓟马通常为两性，雄成虫比雌成虫小，体色也较浅。雌雄二型或多型现象较普遍，生殖方式有两性生殖和孤雌生殖，或两者交替发生。两性生殖的种类中雌性个体往往占多数，方式是部分或全部孤雌生殖。蓟马1年可繁殖10~15代，15~35℃条件下均能发育，15℃时完成1代需44天，30℃时仅需15天，雌成虫平均寿命为40天，平均产卵20~40粒，15℃时卵孵化需10.4天，但20~30℃时仅需2~4天。端大蓟马在广东春花生产区3~5月连续发生为害，早播花生受害重，花生开花期前后是严重受害期；夏花生在7~8月发生最重；秋花生在9~10月发生最重。在山东，端大蓟马以成虫越冬，于5月下旬至6月发生严重。成虫及若虫集中于未展开心叶中或嫩叶背面为害，行动非常活泼。温度高、降雨多对其发生不利。冬春季少雨干旱时发生猖獗，严重影响花生生长。

四、防控技术

（一）农业防治

结合花生中耕除草，尽量清除田间地边杂草，减少越冬虫口基数。加强田间管理，促进植株生长，改善田间生态条件，同时要适时灌水施肥，加强管理，促进花生苗早发快长，减轻危害。出苗前及时防除田边地头杂草，减少迁入虫源。轮作可以减轻端大蓟马的危害。端大蓟马生活周期短，应适时播种，避开其发生高峰期。端大蓟马具有趋蓝色的习性，可用蓝色PVC板涂上不干胶，每间隔10m左右置1块，板高70~100cm，略高于作物10~30cm，可减少成虫产卵和危害。

（二）科学用药

选用40%噻虫嗪悬浮种衣剂、25%噻虫·咯·霜灵悬浮种衣剂或20%多杀霉素悬浮种衣剂包衣拌种，也可选用28%阿维·螺虫乙酯、10%联苯·虫螨腈或2%甲氨基阿维菌素苯甲酸盐乳油喷雾使用。

撰稿人：郭　巍（中国农业科学院研究生院）
审稿人：赵　丹（河北农业大学植物保护学院）

第十一节　叶　蝉

为害花生的常见叶蝉种类有大青叶蝉（*Cicadella viridis*）、二点叶蝉（*Cicadulina bipunctella*）、小绿叶蝉（*Empoasca flavescens*）等，属于半翅目（Hemiptera）叶蝉科（Cicadellidae）。

一、诊断识别

（一）大青叶蝉

成虫：体长7.2~10.1mm，头黄褐色，前翅绿色带青蓝色光泽，前缘淡白色，端部透明，翅脉为青黄色，具狭窄的淡黑色边缘；后翅烟黑色，半透明。头部后缘有1对不规则的多边形黑斑。雄性外生殖器阳茎短棍状，阳茎基副突长菱形；抱器短粗，端部微呈弯钩状。

卵：长椭圆形，微弯曲，一端稍尖。初产时淡黄色，渐变无色透明，近孵化时可见眼点。

若虫：共5龄，初孵若虫为白色，渐变淡黄色，腹背中间及两侧有4条褐色纵纹，直达腹末。老熟若虫体长6~7mm。

（二）二点叶蝉

成虫：体长3.0~3.5mm，头宽0.7~1.2mm。体暗黄色，有光泽。头冠黄色，头冠前缘与颜面交接处有2个大而圆的黑斑。头冠宽，前缘圆，中央比侧面稍长。前胸背板暗黄色，前缘色较浅。前翅透明，呈淡黄色，翅脉黄色，长于后翅，并伸出腹部。腹部背面有黄白相间的条纹，侧缘及腹面黄色。雌成虫产卵管末端黑色。

卵：长0.8~1.2mm，宽0.2~0.4mm。表面光滑，长圆桶形，香蕉状。初产时乳白色，渐变乳黄色，接近孵化时为黄褐色或棕褐色。孵化端有2个黑色平齐的小眼点。

若虫：共5龄，各龄均为淡黄色，体扁平。触角刚毛状，短于体长，复眼黑色。老熟若虫体长2.5~3.0mm，头宽0.5~1.0mm。翅芽明显。三龄若虫乳黄色，头部微红色，背部有红色条纹，其他龄期没有。各龄腹部末端背面两侧有2个对称的黑色圆斑。

（三）小绿叶蝉

成虫：体长3.3~3.7mm，淡黄绿色至绿色，复眼灰褐色至深褐色，无单眼，触角刚毛状，末端黑色。前胸背板、小盾片浅鲜绿色，常具白色斑点。前翅半透明，略呈革质，淡黄白色，周缘具淡绿色细边。后翅透明膜质，各足胫节端部以下淡青绿色；爪褐色；

跗节3节；后足为跳跃足。腹部背板较腹板色深，末端淡青绿色。头背面略短，向前突，喙微褐，基部绿色。

卵：长椭圆形，略弯曲，长径0.6mm，短径0.15mm，乳白色。

若虫：体长2.5～3.5mm，与成虫相似。

二、分布为害

（一）大青叶蝉

国内除西藏不详外，其他各省（自治区）均有发生，以甘肃、宁夏、内蒙古、新疆、河南、河北、山东、山西、江苏等省（自治区）发生量大，危害严重。寄主有蔷薇科、葡萄、枣、柿、核桃、禾本科、豆科、十字花科等39科的160余种植物。在果树、林木上成虫产卵于枝条皮下，因刺破表皮，常引起冬、春干旱时幼树大量失水，树干干枯，甚至死亡。

（二）二点叶蝉

分布于东北、华北、内蒙古、宁夏及南方重庆、四川和贵州多个县（市），为害水稻、玉米、小麦、茄子、白菜、胡萝卜、大豆、棉花及其他禾本科植物等，成虫和若虫在叶背吸食汁液，被害叶面呈现小白斑点。严重时叶色苍白，以致焦枯脱落。

（三）小绿叶蝉

全国均有分布，主要分布于华北、华东、华南、华中、陕西、四川等地区，为害葡萄、茶、李、木芙蓉、桃、杏、月季、梅、桑、杨、柳等，草坪草也会受其为害，以成虫、若虫吸取叶片汁液，被害叶初现黄白色斑点，后逐渐扩展成片。叶片自周缘逐渐卷缩凋萎，但不变红，严重时全叶苍白早落。

三、发生规律

（一）大青叶蝉

在河北以南地区1年发生3代，在甘肃、新疆、内蒙古等地1年发生2代。各地均以卵在枝条内越冬。第二代、第三代成虫和若虫主要为害豆类、玉米、高粱以及秋作蔬菜。10月中旬成虫迁至果树、杨、柳、刺槐等多种阔叶树的枝干上产卵，10月下旬为产卵盛期。在1～2年生苗木及幼树上，卵块多集中在0～1m高的主干上，越接近地面，卵块越多；在3～4年生幼树上，卵块多集中在1.2～3.0m高处的主干及侧枝上，以低层侧枝上的卵块为多。若虫喜群集于嫩绿的寄主植物上为害。成虫趋光性强。

（二）二点叶蝉

在江西南昌1年约发生5代，以成虫及大、中若虫在较潮湿的浅草地越冬。第二年3月下旬至4月上中旬越冬若虫羽化。第一代成虫于6月上中旬出现，之后陆续繁殖为害，直到 12 月上中旬仍能正常活动。在宁夏银川，以成虫在冬麦上越冬，越冬代成虫在第二年春季为害。一年中 7~8 月为盛发期，11 月在冬麦上仍有发生。在湖南长沙，12 月中下旬仍有发生，且数量较多。

（三）小绿叶蝉

一年发生 4~6 代，以成虫在树皮缝、杂草丛、落叶、杂草或低矮绿色植物中越冬。第二年 3 月中旬越冬代在桃、李、杏发芽后出蛰，飞到树上刺吸汁液，4 月上旬于叶背主脉中产卵，卵多产在新梢或叶片主脉里。高温、多雨不利于该虫的发生，6 月中旬至 10 月中旬为发生高峰期。若虫孵化后喜群集在叶背刺吸为害。旬均温 15~25℃适合其生长发育，28℃以上及连阴雨天气条件下虫口密度下降。

四、防控技术

（一）农业防治

实行作物的合理轮作，提倡花生与旱稻、玉米、小麦、芝麻、甘薯、蔬菜等非寄主作物轮作。花生病虫害轻发生地块实行 1~2 年轮作，重发生地块实行 3~5 年轮作，可以有效减少土壤中的害虫基数。在花生田周边悬挂杀虫灯等，可以诱杀小绿叶蝉等害虫。

（二）科学用药

选用 30% 联苯·茚虫威、22% 噻虫·高氯氟或 6% 甲维·虫螨腈喷雾防治，具有较好的防控效果。

撰稿人：郭　巍（中国农业科学院研究生院）
审稿人：李瑞军（河北农业大学植物保护学院）

第十二节　白　粉　虱

为害花生的白粉虱（*Trialeurodes vaporariorum*），属于半翅目（Hemiptera）粉虱科（Aleyrodidae）。

一、诊断识别

成虫：体长 1.0~1.5mm，淡黄色（图 3-15A）。体和翅覆盖白色蜡粉，雌雄均有翅，翅面覆盖白蜡粉。停息时双翅在体上合拢覆盖于腹部，较平坦，略呈屋脊状，翅端半圆状，遮住全腹，两翅间无缝隙。翅脉简单，沿翅外缘有一排小颗粒。雌成虫个体大于雄成虫，产卵器针状。

卵：长椭圆形，长 0.2~0.5mm，有细小卵柄，初产淡黄色，孵化前变为黑灰色。

若虫：椭圆形，扁平，淡绿色或黄绿色，体长 0.3~0.5mm，一龄若虫体长约 0.29mm，长椭圆形；二龄若虫体长约 0.37mm；三龄若虫体长约 0.51mm；四龄若虫末期（伪蛹）椭圆形，体长 0.7～0.8mm、宽 0.48mm，初期体扁平，逐渐加厚呈蛋糕状（侧面观），中央略高，黄褐色，体背有 5～8 对长短不齐的蜡丝，体侧有刺。

图 3-15　白粉虱成虫（A）及其为害花生叶片症状（B）（李瑞军　提供）

二、分布为害

白粉虱原产于北美洲，现已遍及世界各国。我国分布于东北、华北及新疆、江苏、浙江、四川等地，在北方地区发生为害较为严重。寄主包括黄瓜、菜豆、番茄等各种蔬菜及花卉、农作物等 200 余种。成虫和若虫吸食植物汁液，使叶片褪绿、变黄、萎蔫，甚至全株枯死（图 3-15B）。其排泄的蜜露污染下部叶片和果实，易引起煤污病，严重影响光合作用，同时还可传播病毒，引起病毒病的发生。由于成虫喜在植株上部嫩叶上活动取食，随着植株生长，白粉虱各虫态在植株上的分布具有明显的层次：上部嫩叶上为新产下的卵和活动成虫，中上部为将要孵化的黑色卵块，中下部为初孵若虫，再往下为大龄若虫，最下部是蛹和刚羽化的成虫。

三、发生规律

白粉虱 1 年发生 10 代，且世代重叠，同一时期可见到不同虫态。繁殖的最适温度为 18～21℃，在温室完成 1 代约 1 个月。冬季各虫态在棚室蔬菜田继续繁殖为害，无明显滞育、休眠现象。各虫态对 0℃ 以下的低温耐受力弱，在露地不能存活和越冬，第二年春季以后，多从越冬场所向花生田逐渐迁移扩散为害。虫口密度刚开始增长较缓慢，7～8 月虫口密度增长较快，8～9 月为害十分严重。10 月下旬以后因气温下降，虫口数量逐渐减少，并开始向温室内迁移为害或越冬。卵的发育起点温度为 7.2℃。完成 1 代

18℃时需 31.5 天，24℃时需 24.7 天，27℃时需 22.8 天。24℃时卵历期为 7 天，幼虫历期为 8~10 天，蛹历期为 6~8 天，成虫历期为 15~17 天。

四、防控技术

（一）农业防治

及时清除和深埋田间各种蔬菜残株和杂草，以减少虫源。利用白粉虱强烈的趋黄习性在发生初期悬挂黄板是一项简便易行、经济实惠、有效期长的防治方法。

（二）科学用药

由于白粉虱世代重叠，在同一时间、同一作物上存在各种虫态，而当前没有对各虫态皆有效的药剂，所以采用化学防治必须轮换用药。1.8% 阿维菌素乳油、2% 甲氨基阿维菌素苯甲酸盐乳油、25% 噻嗪酮（扑虱灵）乳油对白粉虱若虫具有特效。25% 甲基克杀螨乳油对白粉虱成虫、卵和若虫皆有效。2.5% 联苯菊酯乳油可杀死成虫、若虫、假蛹，对卵的效果不明显。

撰稿人：郭　巍（中国农业科学院研究生院）
审稿人：赵　丹（河北农业大学植物保护学院）

第十三节　斑　须　蝽

斑须蝽（*Dolycoris baccarum*），又称细毛蝽，属于半翅目（Hemiptera）盲蝽科（Miridae）。

一、诊断识别

成虫：体长 8.0~13.5mm，宽 5.5~6.5mm。椭圆形，黄褐色或紫色，密布白色绒毛和黑色小刻点。复眼红褐色，单眼位于复眼后侧。触角 5 节，黑色，第 1 节粗短，第 2 节最长，第 1~4 节基部及末端和第 5 节基部黄色，形成黄黑相间，故称斑须蝽。喙端黑，伸至后足基节处。前胸背板前侧缘稍向上卷，浅黄色，后端常带暗红色。小盾片三角形，末端钝而光滑，黄白色。前翅革片淡红褐色或暗红色，膜片黄褐色，透明，超过腹部末端。侧缘外露，黄黑相间。足黄褐色，腿、胫节密布黑色刻点。腹部腹面黄褐色或黄色，有黑色刻点（图 3-16）。

卵：长 1.1mm，宽 0.75~0.80mm，桶形。初产时浅黄色，2~3 天后出现红色眼点，后变为灰黄色。卵壳有网状纹，密被白色短绒毛。假卵盖稍突出，周缘有 34 个精孔突。破卵器"↓"状，黑褐色，卵为块状。

若虫：共 5 龄。一龄若虫体长 1.2mm，卵圆形，头、胸和足黑色，有光泽。五龄若虫体长 7~9mm、宽 5~6mm，椭圆形，黄褐色至暗灰色，全身密布白色绒毛和黑色刻点。复眼红褐色，触角黑色，节间黄白色，足黄褐色。

图 3-16　斑须蝽成虫（赵丹　提供）

二、分布为害

斑须蝽广泛分布于亚洲和欧洲各国，国内从东北三省到南方海南岛地区、从东部沿海各省到西部新疆地区均有分布。寄主有小麦、大麦、水稻、玉米、棉花、亚麻、豆类、花生、油菜、白菜、甘蓝、甜菜、萝卜、豌豆、胡萝卜、葱及其他农作物。成虫和若虫刺吸植物嫩叶、嫩茎及果、穗汁液，造成落蕾、落花。花生茎叶被害后出现黄褐色小点及黄斑，严重时叶片卷曲，嫩茎凋萎，影响生长发育，造成减产减收。

三、发生规律

斑须蝽在黑龙江、吉林地区1年发生1或2代，在辽宁、内蒙古、宁夏地区1年发生2代，在山东、河南、安徽、陕西、山西地区1年发生3代，在福建、湖南、江西1年发生3或4代，在南京地区1年发生4代或不完全的4代。以内蒙古地区为例，斑须蝽4月初开始出现，不久后交尾产卵，5月末到6月中旬为产卵盛期，10月上中旬陆续以成虫越冬，主要越冬场所为越冬菜叶缝隙、树皮、枯枝落叶、储藏窖及房屋缝隙等。

成虫一般不飞翔，即使飞翔距离也短，一般一次飞翔仅3～5m。成虫有明显的喜温性，在阳光充足、温度较高时，成虫活动频繁。在正常情况下，斑须蝽各虫态发育起点温度依次为卵（16.3℃）、若虫（15.8℃）、成虫（7.7℃），有效积温由高到低依次为若虫（392.9℃·d）、成虫（91.2℃·d）、卵（47.6℃·d），全世代有效积温为598.6℃·d。卵到成虫的世代发育历期为37～42天，成虫后5～7天内进行交尾产卵。成虫白天交配，交配时间历时40～60min。产卵多在白天，以上午产卵较多。卵粒为圆筒形，排列成块，每块10～30粒，多达40余粒，初产时呈浅黄色，2～3天后出现红色眼点，近孵化时呈黄灰色，卵壳上有网纹。4～6天内孵化为一龄若虫。若虫孵化时从卵盖处钻出。初孵幼虫体为鲜黄色，5～6h后变为浅灰褐色。一龄若虫群栖性较强，一般聚集在卵壳上或卵壳周围不食不动，二龄若虫蜕皮后才开始分散取食活动。蜕皮多在上午进行。

四、防控技术

（一）农业防治

人工防治主要包括人工摘除卵块、若虫和成虫，清除田间杂草及残枝落叶，以减少斑须蝽的活动场所和越冬场所。

（二）生物防治

生物防治主要包括利用天敌昆虫、抗虫性植物、病原微生物、特异性昆虫控制剂（昆虫性诱剂、昆虫生长调节剂）等达到控制或防治害虫的目的。斑须蝽的天敌种类较多，主要有华姬猎（*Nabis sinoferus*）、中华广肩步行虫（*Calosoma maderae chinense*）、斑须蝽黑卵蜂（*Trissolcus* sp.）、稻蝽小黑卵蜂（*Telenomus gifuensis*）等。

（三）科学用药

防治适期为成虫产卵前和若虫发生期（尤其是孵化盛期）。常用喷雾药剂有10%氯氰菊酯乳油或5%高效氯氰菊酯乳油、20%甲氰菊酯乳油、20%灭扫利乳油或50%辛硫磷乳油。

撰稿人：郭　巍（中国农业科学院研究生院）
审稿人：赵　丹（河北农业大学植物保护学院）

第十四节　斜纹夜蛾

斜纹夜蛾（*Spodoptera litura*），属于鳞翅目（Lepidoptera）夜蛾科（Noctuidae）。

一、诊断识别

成虫：体长14～20mm，翅展35～40mm，头、胸、腹部为深褐色。前翅灰褐色，斑纹复杂，内横线及外横线为灰白色，呈波浪形，中间有白色的条纹（图3-17A）。在环状纹与肾状纹之间，自前缘向后缘外方有3条白色的斜线，得名"斜纹夜蛾"。后翅为白色，没有斑纹。前后翅通常都带有水红色至紫红色的闪光。

卵：扁半球形，直径0.4～0.5mm，初产时为黄白色，然后转为淡绿色，孵化前呈紫黑色。卵粒集结成3或4层的卵块，外面有灰黄色疏松的绒毛。

幼虫：老熟幼虫体长35～47mm，头部黑褐色，胴部体色因寄主和虫口密度的不同而有所差异，通常有土黄色、青黄色、灰褐色或暗绿色等几种颜色，背线、亚背线及气门下线都为灰黄色及橙黄色（图3-17B）。从中胸至第9腹节在亚背线内侧有三角形黑斑1对。

图3-17 斜纹夜蛾成虫（A）与幼虫（B）（赵丹 提供）

蛹：长15~20mm，圆筒形，赭红色，腹部背面第4~7节近前缘处各有小刻点。臀棘短，有1对强大而弯曲的刺，刺的基部分开。气门黑褐色，呈椭圆形并隆起。

二、分布为害

斜纹夜蛾在全国各地均有发生，主要分布在长江和黄河流域。斜纹夜蛾是一种暴发性、暴食性害虫。食性杂，寄主植物至少有290种，如甘薯、蔬菜、瓜类、芋头、豆类、玉米、花生、茶树等。初孵幼虫在叶背为害，取食叶肉，暴发时局部叶子被害光秃，甚至绝收。大部分花生产区均有发生，以开花下针期危害严重。平时昼伏夜出，喜夜间取食为害，高龄幼虫取食量占整个取食阶段的80%，有时还会因为营养竞争而自相残杀。具假死性，受惊后蜷缩成"C"形。

三、发生规律

斜纹夜蛾在我国华北地区1年发生4或5代，在长江流域1年发生5或6代，在福建1年发生6~9代。长江流域多在7~8月大发生，黄河流域多在8~9月大发生。成虫夜间活动，飞翔力强，一次可以飞数十米远，成虫具有趋光性。卵多产在高大、茂密、浓绿的农田边际作物上，以植株中部叶背叶脉分叉处最多。卵发育历期在22℃时约为7天，在28℃时约为2.5天。老熟幼虫在3~5cm的表土内作土室化蛹，土壤板结时可以在枯叶下面化蛹。

四、防控技术

（一）农业防治

选择抗虫性较强的花生品种，还可以在花生田边穿插种植春玉米、高粱作为诱集带，引诱成蛾产卵，再集中消灭。

（二）生物防治

根据为害程度，释放姬蜂、茧蜂、赤眼蜂等寄生性天敌，以及瓢虫、草蛉、蜘蛛等捕食性天敌，有较好的控制作用。

每公顷可用 8000IU/mL 的苏云金芽孢杆菌 7000mL 或活孢子含量为 150 亿个/g 球孢白僵菌可湿性粉剂兑水喷雾防治。

（三）物理防治

1. 使用频振式杀虫灯诱杀成虫

以 50 亩地左右花生田安装一盏灯为宜，可明显减轻花生田的落卵量。

2. 使用糖酒醋液诱杀成虫

将糖 6 份、醋 3 份、白酒 1 份、水 10 份、90% 晶体敌百虫可溶粉剂 1 份混合，调匀后装在离地 0.6～1.0m 的盆或罐中，置于田间，诱杀大量夜蛾科成虫。

3. 使用性诱剂诱杀成虫

在田间悬挂性诱剂诱捕器，安装专用性诱剂诱芯，诱杀成虫。

4. 使用食诱剂诱杀成虫

利用持续释放植物芳香物质和昆虫信息素，引诱靶标害虫至混有少量快杀型杀虫剂的诱饵中，采用吸引害虫至某一特定范围集中诱杀以代替传统的全田喷洒方式诱杀。

（四）药剂防治

在成虫发生期，当每百穴花生累计卵量 20 粒或有幼虫 3 头时，采用 4.5% 高效氯氰菊酯乳油 1500～2000 倍液，或 5% 甲氨基阿维菌素苯甲酸盐微乳剂 1000～2000 倍液，或含孢子量每克 100 亿以上 Bt 制剂 500～800 倍液喷雾防治。

撰稿人：郭　巍（中国农业科学院研究生院）
审稿人：赵　丹（河北农业大学植物保护学院）

第十五节　棉　铃　虫

为害花生的棉铃虫（*Helicoverpa armigera*），俗称钻心虫、棉桃虫，属于鳞翅目（Lepidoptera）夜蛾科（Noctuidae）。

一、诊断识别

成虫：体长 15～20mm，翅展 27～38mm，雌蛾黄褐色或褐色，雄蛾青灰色或灰绿色，中部出现倾斜横线，末端存在环状纹，亚外缘线存在比较小幅度的大波形，与外横线之间具备褐色宽带，其中出现 8 个明显的白点，外缘翅脉中存在 7 个红褐色小点，出现暗褐色的环状纹和肾状纹，雄蛾比较突出（图 3-18A）。

图 3-18 棉铃虫成虫（A）与幼虫（B）（李瑞军 提供）

卵：近半球形，直径为 0.44~0.48mm，顶稍微隆起，卵初期为黄白色，后期为红褐色。

幼虫：低龄幼虫一般头部为褐色，整体为青灰色，前胸为红褐色（图 3-18B）。老龄幼虫出现 12 个毛片，体长为 42~46mm，体色出现很大的变化，有黄绿色、黄褐色及红褐色，前胸气门位置存在 2 个刚毛，以便能够连接气门，气门基本上都是白色。

蛹：纺锤形，赤褐色，体长 17~20mm，初始蛹为绿褐色、灰褐色，尾部出现 2 个臀棘，接近羽化状态，体呈现深褐色，复眼为红褐色，有光泽。

二、分布为害

棉铃虫广泛分布在中国及世界各地，可为害 200 多种植物。中国棉区及蔬菜种植区均有发生，黄河流域棉区、长江流域棉区受害较重，新疆棉区也常有发生。近年来，我国各花生产区均有棉铃虫发生，其中以北方危害较重。棉铃虫幼虫为害花生的幼嫩叶片，特别喜食花蕾，进而影响受精，减少果针入土数量，造成严重减产，一般减产 5%~10%，大发生年份减产 20% 左右。花生主产区棉铃虫一般发生 4 代，通常第二代为害春花生，第三代为害夏花生。

三、发生规律

棉铃虫每年的发生代数和主要为害世代因地区不同而异。在华北地区 1 年发生 4 代，在长江流域 1 年发生 5 或 6 代，在华南地区 1 年发生 6 或 7 代，以滞育蛹在土中越冬。在华北地区，4 月下旬至 5 月中旬，当气温升至 15℃ 以上时，越冬代成虫羽化，6 月中上旬入土化蛹，第一代成虫盛发，大量迁入小麦等农作物上并产卵；第二代卵高峰期在 7 月上旬，主要产在玉米、棉花、番茄、西葫芦等作物上。7 月下旬至 8 月上旬为第二代成虫盛发期；第三代卵高峰期在 8 月，主要产在玉米、棉花、花生等作物上，当气温25～28℃、相对湿度70%以上时，有利于棉铃虫的大发生。9月下旬至10月上旬为第四代老熟幼虫，在5～15cm深的土中筑土室化蛹越冬。

四、防控技术

（一）农业防治

选择抗虫性强的花生品种，并可在花生田边穿插种植一些春玉米、高粱作为诱集带，引诱成蛾产卵，再集中消灭。

（二）生物防治

根据棉铃虫为害程度，释放姬蜂、茧蜂、赤眼蜂等寄生性天敌，以及瓢虫、草蛉、蜘蛛等捕食性天敌，具有较好的控制作用。或用含孢子量每克100亿以上Bt制剂500～800倍液喷雾防治，每代棉铃虫需防治2或3次。

（三）物理防治

利用棉铃虫的趋光性，可使用频振式杀虫灯诱杀棉蛾，以50亩地左右花生田安装一盏灯为宜，可明显减轻花生田的落卵量。也可以利用性诱剂、食诱剂诱杀成虫。

（四）药剂防治

在第二代、第三代棉铃虫发生期，当每百穴花生累计卵量20粒或有幼虫3头时，喷洒4.5%高效氯氰菊酯乳油1500～2000倍液或5%甲氨基阿维菌素苯甲酸盐微乳剂1000～2000倍液。

撰稿人：赵　丹（河北农业大学植物保护学院）
审稿人：郭　巍（中国农业科学院研究生院）

第十六节　甜菜夜蛾

甜菜夜蛾（*Spodoptera exigua*），又名贪夜蛾、玉米叶夜蛾等，属于鳞翅目（Lepidoptera）夜蛾科（Noctuidae）。

一、诊断识别

成虫：体长8～10mm，灰褐色，前翅有明显的环形纹和肾形纹，有黑边，翅面上有几条黑色波浪线，前翅外缘有1列黑色的三角形小斑（图3-19A）。

卵：直径约为0.5mm，上面有放射状的条纹，单层或多层重叠排列成卵块。刚产出时，卵白色或黄白色，快孵化时变成黑色。

幼虫：初孵幼虫长约1mm，头黑色，身体半透明。随着幼虫蜕皮次数的增加，幼虫身体也不断长大。末龄幼虫的体长可达 22～30mm，体色有绿色、暗绿色、黄褐色、褐色至黑褐色（图 3-19B）。比较明显的特征是腹部气门下线为明显的黄白色纵带，有时带粉红色，直达腹部末端，但不弯到臀足上。每个腹节的气门后上方各具有 1 个明显的白点。

图 3-19　甜菜夜蛾成虫（A）与幼虫（B）（赵丹　提供）

蛹：长约 10mm，黄褐色，中胸气门显著外突，臀棘上有 2 根刚毛。

二、分布为害

甜菜夜蛾是一种世界性害虫，从北纬 57°至南纬 40°之间都有分布。在亚洲、大洋洲、美洲、非洲及欧洲均有严重危害或成灾的记录，且每次成灾所造成的经济损失都十分惊人。为害甘蓝、大葱、花椰菜、青椒等多种蔬菜和棉花、玉米、花生、大豆、甜菜、烟草、茶、果树及杂草等多种植物，具有寄主广、食性杂、繁殖力强、世代重叠严重、喜旱、耐高温、抗药性强、迁飞能力强等特点，是一种世界性分布、杂食性、间歇性大发生的重要农业害虫。

甜菜夜蛾猖獗为害期间，其幼虫密度极高。据河南新乡调查，大豆、花生的百株虫量分别为 700～800 头、500～600 头。甜菜夜蛾的生态可塑性强。虽然它是一种热带害虫，但也能在较低的温度条件下生存、繁殖。食物适应性强，还具有迁飞习性，可以逃避不良环境，选择适合的生存繁衍生境。气候变暖和耕作体制演变总体有利于甜菜夜蛾的发生，监测和防治措施不力会导致甜菜夜蛾大发生。在花生上，甜菜夜蛾初孵幼虫取食叶片下表面和叶肉，形成"天窗"；高龄幼虫食叶成缺刻或孔洞，严重的把叶片吃光，仅残留叶脉、叶柄，极大地影响花生产量。

三、发生规律

甜菜夜蛾从北到南 1 年可以发生 4～11 代，大部分地区以蛹越冬，在华南地区可以终年为害，没有越冬现象。成虫昼伏夜出，具有趋光性，对糖醋酒液有比较强的趋性。成虫将卵产在叶片上，一个卵块一般有几十粒卵，上面有绒毛覆盖。幼虫三龄前群集为害，食量小；四龄后分散为害，食量大增，昼伏夜出。高龄幼虫具有假死性，受到惊扰时，会落地假死。幼虫老熟后，一般会钻入表土 3～5cm 处化蛹。在北方地区一般 1 年发生 5 代，发生期为 5～10 月，世代重叠严重，其中以 8～9 月第四代幼虫为害最重。三龄后幼虫分散，四龄后进入暴食期，四龄至五龄幼虫食量占幼虫全期食量的 80%～90%，是为害最严重的时期；老熟后钻入土内吐丝筑室化蛹，在田间以蛹越冬。成虫白天潜伏在土缝等隐蔽处，受惊起飞呈上下波浪形前进，成虫产卵多选择在植株上部嫩绿的地方。夏季降水量是影响甜菜夜蛾发生程度的最主要因子。夏季雨天多、雨量大，甜菜夜蛾为害轻；夏末炎热干旱，则秋季常大发生。甜菜夜蛾具有远距离迁飞能力，是其能够暴发的原因之一。

四、防控技术

（一）农业防治

实行合理轮作、中耕和灌溉。在甜菜夜蛾发生严重的地块，可选择间作、套种或轮作模式。在华南地区可推广水旱轮作和瓜豆田套种十字花科蔬菜。甜菜夜蛾喜产卵于一些杂草植株上，在较浅土层化蛹，因此作物采收后，应清除田间杂草，将残株落叶收集起来进行集中处理，消除其产卵场所和桥梁寄主，及时深耕土壤，消灭落叶中和浅土层内的幼虫及蛹。

（二）物理防治

甜菜夜蛾成虫对黑光灯和糖醋酒液有强烈的趋性，喜欢飞向黑光灯和糖醋酒液，因此可以使用黑光灯和糖醋酒液来诱杀成虫。此外，还可以在田间悬挂性诱剂诱捕器，安装专用性诱剂诱芯，诱杀成虫。

（三）化学防治

甜菜夜蛾发生前期应尽可能避免使用广谱性的有机磷、拟除虫菊酯类杀虫剂，大发生时交替、轮换使用杀虫机制不同的药剂，尤其轮换使用新型杀虫药剂，可选用 3% 甲氨基阿维菌素苯甲酸盐微乳剂、4.5% 高氯·甲维盐悬浮剂、5% 氟啶脲乳油等，但应严格限制这些新型杀虫剂的使用剂量和次数，避免或延缓产生抗性。

撰稿人：赵　丹（河北农业大学植物保护学院）
审稿人：郭　巍（中国农业科学院研究生院）

第十七节　须峭麦蛾

须峭麦蛾（*Stomopteryx subsecivella*），又名花生卷叶虫、卷叶麦蛾，属于鳞翅目（Lepidoptera）麦蛾科（Gelechiidae）。

一、诊断识别

成虫：体型较小，体长 4～6mm，翅展 8～12mm。雌成虫较雄成虫大，下唇须呈"八"字形向上弯翘。前翅灰褐色并具金属光泽，翅端黑褐色，前缘近端部 1/3 处有 1 白色斑点，后缘斑点不明显（图 3-20）。翅中部距基部 1/3 处有 1 黑斑，外有白晕。后翅尖刀形，顶角突出，外缘和后缘均有 1 列长缨毛。雌蛾翅缰 3 条，雄蛾 1 条。后足特长，胫节末端具长距。雌蛾腹末椭圆形开口，雄蛾尖圆形。

图 3-20 须峭麦蛾成虫（徐秀娟，2009）

卵：长椭圆形，长约 0.35mm。初产乳白色，半透明，后变为淡黄绿色，孵化前深黄绿色。表面有稍弯曲的纵纹，纵纹间有横纹路、网纹。

幼虫：近圆筒形，淡黄绿色，老熟时黄白色。共 5 龄。老熟幼虫体长 6～8mm，头部黑褐色，前胸盾片黑褐色、有光泽，胸足基节内侧面有黑环，其他各节黑色，眼部黄白色，有黑色小毛片。雄性幼虫第 5 腹节表面可见 1 紫红色斑点，尤以四龄以上幼虫明显，腹足趾钩双序二横带。

蛹：长 4～5mm，纺锤形，黄褐色，密被绒毛。前翅末端伸达腹部第 5 节后缘，后足与翅等长，蛹腹端有 1 组尾钩。雄蛹腹部第 4 节与第 5 节之间有紫红斑，羽化前颜色加深，不易看出。

二、分布为害

须峭麦蛾在我国广东、广西危害较重，北方花生主产区时有发生。除花生外，还为害大豆、绿豆、黑豆、紫云英、决明、青葙、天泡果、刺苋、龙葵等。幼虫潜叶或卷叶为害，取食叶肉。蛹在冬天堆放的秋花生藤蔓上及田间落叶残株中越冬。越冬虫于第二年 2 月初羽化产卵，中旬孵化，3～11 月是幼虫为害期。以 5 月中旬春花生开花结荚期和 8 月中旬至 9 月上旬秋花生开花结荚期为害最严重。一龄至二龄幼虫一般为潜叶为害，初孵幼虫爬到未伸展的心叶内蛀食叶肉，1～2 天后吐丝缀连心叶，形成卷叶形的虫苞。在老叶上幼虫先潜叶为害，三龄以后退出蛀道并将叶片缀连成苞，藏身其中并啃食叶肉，留下红褐色肉状薄膜,叶片皱缩或枯落,当被害叶开始干枯时,幼虫爬出,另卷新叶,每虫可卷缀叶苞2~4个,老熟幼虫在叶苞内结薄茧化蛹。为害严重时全田一片红色,一般减产10%~20%,严重的可达20%~30%。广西地区10月花生结荚期受害最重。

成虫昼伏夜出。白天静伏于花生叶下或基部,黄昏后开始活动。成虫对弱光趋性强。羽化后经12~24h于夜间交尾,交尾后1~3天开始在花生植株顶部叶片上产卵。未经交配者不能产卵。卵多集中散产在心叶及附近叶片上,正反面都有。单雌产卵100~200粒,幼虫为害时将叶片缀成3种虫苞,其分布比例随作物的生长发育而异。

三、发生规律

在广东南部地区,须峭麦蛾1年发生10~12代,以蛹在收获后的秋花生藤蔓中及田间落叶遗藤上越冬,第一代成虫1月上中旬羽化,幼虫2~3月为害黄豆,以后各代相继为害春花生、夏花生、夏大豆、秋花生、冬大豆等,全年不断。广西冬季主要为害绿肥植物。该虫在广东电白区1年发生10代,以蛹在冬收的秋花生藤蔓上及田间落叶遗藤中越冬。各世代历期中,第一代最长,需56天;第七代最短,需24天;其余各代约需30天。

四、防控技术

(一)农业防治

花生播种前将储藏的花生和冬大豆的茎蔓作为燃料或沤肥;花生收获后及时处理藤蔓。清除田间落叶,土地翻耕灌水,消灭越冬虫,降低虫源基数。

轮作换茬。花生与其不同属的作物轮作之后,害虫失去适宜的生活条件和寄主,发生数量就会大量减少。

(二)生物防治

须峭麦蛾的自然界天敌较多,如茧蜂、姬蜂、小蜂、寄生蝇等。保护天敌,充分利用,可以有效控制其危害。

(三)化学防治

须峭麦蛾发生在平均每亩有25片卷叶以上的田块时应立即用药。应掌握在低龄幼虫一龄至三龄期施药。可选用的药剂有2.5%三氟氯氰菊酯乳油2000倍液或50%丙溴磷乳油1000倍液、10%溴虫腈悬浮剂1000倍液、48%乐斯本乳油1000倍液、5%氟啶脲乳油800倍液、25%亚胺硫磷乳油5000倍液、25%噻虫嗪水分散粒剂5000倍液、90%晶体敌百虫可溶粉剂600倍液、10%吡虫啉可湿性粉剂3000倍液,喷雾防治。

撰稿人:赵 丹(河北农业大学植物保护学院)
审稿人:郭 巍(中国农业科学院研究生院)

第十八节　象　甲

象甲，亦称象鼻虫，属于鞘翅目（Coleoptera）象甲科（Curculionidae）。为害花生的象甲有大灰象甲（*Sympiezomias velatus*）、蒙古灰象甲（*Xylinophorus mongolicus*）、甜菜象甲（*Bothynoderes punctiventris*）。

一、诊断识别

（一）大灰象甲

成虫：体长 9.5～12.0mm，黄褐色或灰黑色，密被灰白色鳞片（图 3-21）。头管粗，口吻长而突出，中央有沟。头部和喙密被金黄色发光鳞片。触角索节 7 节，长大于宽。复眼大而凸出。前胸两侧略凸，前胸背板圆形，中央灰黑色，中沟细，中纹明显。鞘翅卵圆形，具褐色云斑，各有纵沟 10 条，后翅退化，不善飞翔，前足胫节内侧有 1 列齿突。雄成虫胸部窄长，腹部较圆，鞘翅末端不缢缩，钝圆锥形；雌成虫胸部宽短，尾部略尖，鞘翅中部膨大，末端缢缩尖锐。

图 3-21　大灰象甲成虫（赵丹　提供）

卵：长椭圆形，长约 1mm。初期乳白色，近孵化时乳黄色。

幼虫：体长 12mm，乳白色，头部米黄色，内唇前缘有 4 对齿突，中央有 3 对小齿突，其后方有 2 条三角形褐纹。无胸足，生活在土中。

蛹：长 9～10mm，乳白色，微黄，上颚大，钳状，覆盖前足跗节基部，腹末有 2 个粗刺。

(二) 蒙古灰象甲

成虫：体长 4.4～6.0mm，宽 2.3～3.1mm，卵圆形，体色有土灰色、土灰色夹杂黑斑纹、暗黑色 3 种，土灰色成虫发生普遍。口吻长而突出，中央有沟。前胸背面土灰色，密被灰黑色鳞片。鳞片在前胸形成相间的 3 条褐色、2 条白色纵带，内肩和翅面具白斑。头部呈光亮的铜色，鞘翅上生 10 纵列刻点。头喙短扁，中间细。触角红褐色，膝状，棒状部分长卵形，末端尖。前胸长大于宽，后缘有边，两侧圆鼓，鞘翅明显宽于前胸。无后翅，两鞘翅愈合而不能活动。鞘翅有 22 条纵沟。雌成虫体长 4～7mm，雄成虫体长 4～5mm，灰褐色，鞘翅上有 10 条纵刻点，排列成线，列线间密生黄褐色毛和灰白色鳞片，并组成不规则斑纹，后翅退化（图 3-22）。

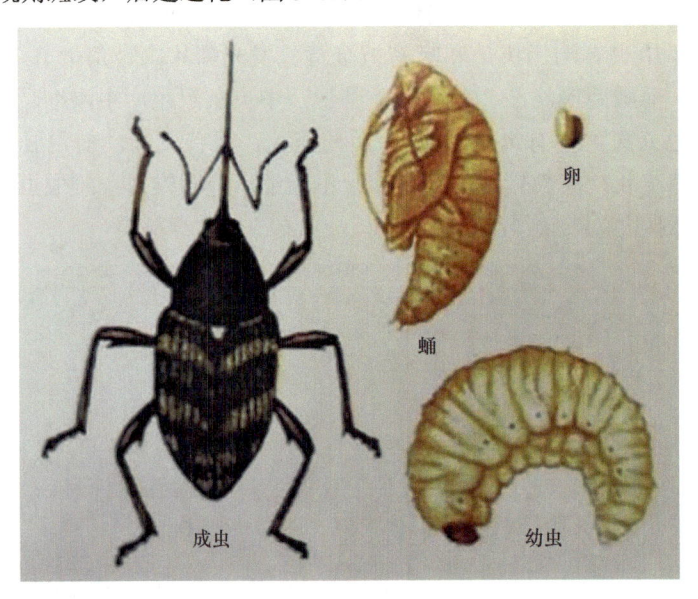

图 3-22 蒙古灰象甲形态特征手绘图（徐秀娟等，2009）

卵：长 0.9～1.0mm，宽 0.5mm，长椭圆形或长筒形，两端钝圆。初产时乳白色，24h 后变为暗黑色，有光泽。

幼虫：初孵幼虫体长 12mm，黄白色，头部和胸部淡黄褐色，有光泽，口器褐色。成熟幼虫乳白色，体长 6～9mm，胸足较短。

蛹：长 5.5mm，乳黄色，复眼灰色。

(三) 甜菜象甲

成虫：体长 12～16mm，长椭圆形。前胸灰色鳞片形成 5 条纵纹。体、翅基底黑色，密被灰至褐色鳞片。头部向前突出呈管状；鞘翅上的褐色鳞片形成斑点，在中部形成短斜带，行间第 4 行基部两侧和翅瘤外侧较暗，鞘翅灰白色，密布黑色刻点及纵纹，鞘翅近末端两边各有 1 白色小斑；鞘翅上纹理较细，不太明显，行间扁平，第 3 行、第 5 行、第 7 行较隆。腹部各节明显，第 1 节和第 2 节中间凹陷者为雄成虫，突起者为雌成虫。喙长而直，端部略向下弯，中隆线细而隆，长达额部，两侧有深沟。额隆，中间有小窝，足和腹部散布黑色斑点。

卵：椭圆形，长1.3mm左右，宽约1.0mm。初产乳白色，有光泽，后转米黄色，光泽减退。

幼虫：乳白色，体长15mm左右，宽5mm。肥胖略弯曲，多皱褶。头部褐色，腹部无足。

蛹：长11～14mm，长圆形，米黄色，腹部数节较灵活。

二、分布为害

象甲在东北、华北各省（自治区）广泛发生。除花生外，还为害棉、麻、谷子、甜菜、大豆、瓜类、向日葵、高粱、烟草、果树幼苗等作物。成虫取食花生刚出土幼苗的子叶、嫩芽、心叶。常群集为害，将叶片食成半圆形或圆形缺刻，严重时可将叶片吃光，咬断茎顶，造成缺苗断垄。幼虫取食腐殖质或植物根系，危害不重。5月上中旬花生幼苗出土后，咬食子叶及嫩叶。花生出苗到团棵是为害盛期。早晨及傍晚为害，白天多隐藏于土壤裂缝中。成虫常将叶片从尖端向内折成饺子形，在折叶内产卵。幼虫大多生活在耕作层以下土中，取食腐殖质和植物须根。

三、发生规律

（一）大灰象甲

大灰象甲成虫、幼虫在东北和华北地区40～60cm深的土中越冬。2年发生1代。幼虫4月初开始活动，群集为害。日平均气温10℃以上时成虫出现，4月中下旬成虫出土，常群集在苗眼中取食和交尾。平均气温20℃以上活动较盛，炎夏高温则潜伏在阴处，阴雨天很少活动，雨后被泥粘住则易死亡，6月为成虫出土盛期。善爬行，喜弹跳，外物靠近时，善于躲避，有假死性。5月下旬产卵。成虫产卵于叶片上。产时先在叶背将叶片缀合，再产卵其中，并将叶片与卵块粘在一起，常产卵10～40粒并形成卵块。6月上旬幼虫孵化，落入土内生活，6月下旬化蛹，7月中旬羽化，9月下旬在60～100cm土深处筑土室越冬，第二年春季继续取食。

（二）蒙古灰象甲

蒙古灰象甲在华北、东北2年发生1代，在黄海地区1～1.5年发生1代。以成虫或幼虫越冬。第二年春季日平均温度达10℃时，成虫开始出蛰。蒙古灰象甲较大灰象甲出蛰早，4月中旬开始活动。成虫白天活动，以10:00和16:00前后活动最盛，受惊扰后假死落地。夜间和阴雨天很少活动。成虫无飞行能力，均在地面爬行，因而花生田中的成虫多是由田外的杂草上迁移而来。一年中以5～6月危害最重。

成虫经一段时间取食后，开始交配产卵，一般在5月开始产卵，卵多产在表土中，历时约40天。单雌产卵为200粒左右。卵期为11～19天。8月以后成虫绝迹，9月末作土室休眠，越冬后继续取食。

幼虫 5 月下旬开始出现，在花生根中寄生或多在杂草根中生活，因而幼虫对花生生长几乎不造成影响。9 月末在土中筑土室越冬，第二年继续活动，到 6 月中旬老熟，再筑土室于其中化蛹。成虫于 7 月上旬羽化，但不出土，仍在土室中越冬，第三年再出土。2 年发生 1 代。

（三）甜菜象甲

在华北、东北地区 1 年发生 1 代，以成虫在 15～30m 土层内越冬。越冬成虫第二年活动的早晚随各地气候不同而异。当日平均气温 6～12℃、土表温度 15～17℃时，越冬成虫出土活动。于 5 月上旬为害花生，5 月中旬至 6 月中旬达到为害盛期，5 月上中旬开始产卵，每雌产卵 80～200 粒。6 月下旬至 7 月上中旬为害达到盛期。老熟幼虫于 7 月上中旬在土内作土室化蛹，8 月中下旬为化蛹盛期。蛹期为 20 天左右。9 月上中旬是成虫羽化盛期。当年羽化的成虫一般不出土活动，准备越冬。

成虫寿命长达 120 天，不善飞翔，主要靠爬行觅食，性喜温暖，畏强光，多在土块下或枯枝落叶下潜伏。具假死性和抗饥性，在没有食料的情况下可存活 2 个月左右。

四、防控技术

（一）农业防治

合理轮作。花生播种后，立即在土地四周挖防虫沟。沟宽 23～33cm、深 33～45cm，沟壁要光，沟中放药，毒杀并防止外来象甲掉入后爬出。

（二）药剂防治

喷洒或浇灌 4.5% 高效氯氰菊酯乳油或 50% 辛·氰乳油 2000 倍液，在产卵前杀灭成虫。在成虫发生盛期，于傍晚及时喷洒 50% 马拉硫磷乳油 1200 倍液（喷施根部土缝处）或 90% 晶体敌百虫可溶粉剂、2.5% 辛硫磷乳油 1000～1500 倍液（兼杀成虫及孵化幼虫）。

撰稿人：赵　丹（河北农业大学植物保护学院）
审稿人：李瑞军（河北农业大学植物保护学院）

第十九节　白条芫菁

白条芫菁（*Epicauta gorhami*），又名豆芫菁或锯角豆芫菁，属于鞘翅目（Coleoptera）芫菁科（Meloidae），是芫菁中分布广且危害较重的一种。

一、诊断识别

成虫：雄成虫体长 11.7～14.2mm，雌成虫体长 14.5～16.7mm。体黑色，头部红色，具 1 对扁平黑疣，较光亮。近复眼内侧黑色。雌成虫触角丝状，雄成虫触角第 3 节、第

7节扁而阔，但非栉齿状，其上一侧有1纵凹沟，前胸背面两侧、后缘及中央具纵纹，小盾片，鞘翅内缘、外缘、末端及节中央具纵纹，中后胸腹面、各腹节后缘均有灰白色绒毛，前足胫节具2个尖细端刺，后足胫节具2个短而等长的端刺，外刺宽扁，内刺尖细（图3-23）。

图3-23 白条芫菁成虫（郭巍 提供）

卵：长卵圆形，一端较尖。初产淡黄色，渐变黄色。表面光滑，卵块排列成菊花状。

幼虫：共6龄，一龄衣鱼型，体长2～5mm，深褐色，胸足发达；二龄至四龄蛴螬型，乳黄色，头部淡褐色；五龄（又称假蛹）象甲幼虫型，乳白色微带黄色，全体被薄膜，光滑无毛，胸足不发达，乳突状，体微弯曲；六龄蛴螬型，长12.4～13.0mm，乳白色，头部褐色，胸足短小。

蛹：长约15.4mm，黄白色。

二、分布为害

白条芫菁在我国分布广泛，北起黑龙江、内蒙古、新疆，南至海南及广东、广西、云南，东抵国境线，西达新疆、甘肃、青海、四川、云南等省（自治区）。除花生外，还为害豆类、辣椒，也能为害番茄、马铃薯、茄子、甜菜、苋菜等作物。成虫能短距离飞翔，常群集取食，主要取食叶片和花瓣，喜食嫩叶、嫩茎，将花生叶片咬成孔洞或缺刻，甚至吃光，残存网状叶脉；危害轻者，茎叶残缺不全，仅留老茎秆，遍地布满蓝黑色颗粒状粪便。幼虫以蝗卵为食，是蝗虫的天敌。

三、发生规律

白条芫菁在东北、华北地区1年发生1代，在长江流域及长江流域以南的湖北、江西、福建各省1年发生2代。以五龄幼虫（假蛹）在土中越冬，第二年继续发育至六龄，华北地区6月中旬化蛹,并羽化出成虫,成虫在6月下旬至8月中旬为害,尤其以花生开花前后最重。成虫白天活动取食,以中午最盛,群居性强,常群集在花生心叶、花和嫩梢部分取食,有时数十头群集在一株植株上,很快将整株叶子吃光。有群集性,能短距离迁飞,爬行力强,好斗,受惊则坠地,并从腿节末端分泌黄色液体,接触人体皮肤,能引起红肿及疱疹。每虫每天可食豆叶4~6片,尤喜嫩叶。雌成虫一生大多只交尾1次,6月末产卵,用前足及口器挖土呈4.5cm深斜穴,在产卵穴中,70~150粒排成菊花状,下部有黏液相连,并以土封口,然后离开。每雌可产卵400~500粒。初孵幼虫称三爪蚴,行动敏捷,爬向土面,分散寻找蝗虫卵块或土蜂巢内的幼虫为食,每虫可食45~104粒卵。若找不到食物,10天后幼虫死亡。五龄幼虫不取食,越冬后蜕皮为六龄幼虫,随即在土中化蛹。

白条芫菁历年发生程度主要受降水量、土壤类型、食料等影响。条件适宜,食料充足,则发生重,反之则轻。白条芫菁多生活于半干旱地区。从历年发生情况来看,6月降水量直接影响其发生程度。降水量小,虫害发生较重。经多年实地调查,在同一年内阳坡地、沙质土比平坦、黏质、背阴地内虫量多,主要食源为蝗虫卵。根据历年的发生规律,白条芫菁的发生与上一年土蝗的发生程度和防治面积有一定的相关性。一般上一年土蝗发生面积大、发生重、防治面积小,则第二年白条芫菁发生重,反之则轻。

四、防控技术

(一)农业防治

冬季深翻土地,能使越冬伪蛹暴露于土表冻死或被天敌吃掉,增加越冬幼虫的死亡数量,减少第二年的虫源基数。有条件的地区实行水旱轮作,淹死越冬幼虫。

(二)科学用药

选用40%辛硫磷乳油1000倍液,于清晨或傍晚喷雾防治。

撰稿人:赵 丹(河北农业大学植物保护学院)
审稿人:陆秀君(河北农业大学植物保护学院)

第二十节 蝗 虫

为害花生的有中华稻蝗(*Oxya chinensis*)、短额负蝗(*Atractomorpha sinensis*)等,属于直翅目(Orthoptera)蝗科(Acrididae)。

一、诊断识别

(一)中华稻蝗

成虫:雄成虫体长18~27mm,雌成虫体长24~39mm,体色有黄绿色、褐绿色、黄褐色、绿色等，具光泽。头宽大，卵圆形。复眼卵圆形。触角丝状。头顶向前伸，颜面隆起宽。两侧在复眼后方各有 1 条黑褐色纵带，经前胸背板两侧，直达前翅基部。前胸腹板有 1 个锥形瘤状突起。前翅长超过后足腿节末端（图 3-24）。

图 3-24　中华稻蝗成虫（李瑞军　提供）

卵：长圆筒形，长约 12mm，宽约 8mm，中央略弯。具褐色胶质卵囊。卵粒在卵囊内斜排 2 纵行。卵囊茄果形，前平后钝，长 9~14mm，宽 6~10mm。平均有卵 10~20 粒，卵粒间有深褐色胶物质相隔。

若虫：又称蝗蝻。多数 5 或 6 龄，少数 7 龄。一龄若虫体长约 7mm，灰绿色，有光泽；头大；触角 13 节，无翅芽。二龄若虫后体渐大，前胸背板中央渐向后突出；绿色至黄褐色。头、胸两侧黑色纵纹明显。三龄若虫出现翅芽，逐龄增大，至五龄若虫时向背面翻折，六龄若虫可伸达第 3 腹节，并掩盖腹部听器的大部分。触角节数也逐龄增加，至末龄为 23~29 节。

（二）短额负蝗

成虫：雌成虫体长 41~43mm，雄成虫体长 26~31mm，绿色或黄褐色。头部长锥形，短于前胸背板；颜面斜度与头顶形成锐角。触角剑状。前翅翅端尖削，翅长超过后足腿节后端；后翅基部红色，端部淡绿色。后足腿节细长，外侧下缘常有一粉红线。

卵：长椭圆形，长 3~4mm，黄褐色，在卵囊内不规则地斜排成 3~5 行。

若虫：共 5 龄，前胸向后方突出较大，翅芽达腹部第 3 节或稍过。

二、分布为害

蝗虫在我国南北各地均有发生,以长江流域和黄淮海地区发生为重。成虫嗜食禾本科和莎草科植物,其次为十字花科、豆科、苋科、藜科等。成虫日出活动,夜晚闷热时有扑灯习性。成虫、若虫均取食花生茎、叶,为害严重时茎秆被咬断,叶片呈缺刻状或全叶被吃光,仅残留叶脉。除花生外,还为害豆科的其他植物以及旋花科、茄科、禾本科等的多种作物。三龄若虫开始扩散取食为害,食量渐增;四龄后食量大增,至成虫时食量最大,常造成花生叶片缺刻,严重时仅剩主脉。在我国北方花生产区特别是黄淮海地区,由于持续干旱造成河滩裸露,水库水位下降,沿海地区低洼地干涸开裂,为蝗虫的繁殖提供了适合的条件,危害较严重。

三、发生规律

短额负蝗在东北地区1年发生1代,在华北地区1年发生1或2代,在长江流域1年发生2代。各地均以卵在田埂及其附近荒草地中或杂草根际等处卵囊内越冬。卵期长达6个月左右。在华中地区4月开始为害,在华北地区5月中下旬至6月中旬幼虫大量出现,7～9月是发生为害盛期,10月前后产卵越冬。喜在早晨羽化,在性成熟前活动频繁,飞翔力强,以8:00～10:00和16:00～19:00活动最盛。对白光和紫光有明显趋性。刚羽化的成虫经10余天卵巢完全发育,并进行交尾。成虫可交尾多次,交尾时间可持续3～12h。交尾时多在晴天,以午后最盛。交尾时雌成虫仍可活动和取食。成虫羽化后5～7天开始交尾,交尾后经20～30天产卵。卵成块产于低温、草丛、向阳、土质疏松的田间草地或田埂等处。卵囊入土深2～3cm。每头雌成虫平均产卵1～3块,100～250粒。初孵若虫多集中在田埂或路边幼嫩杂草上。

蝗虫的发生很大程度上取决于当年的气候状况。降水过多、温度较低,直接影响蝗蝻发育,而相对干旱的气候,使蝗虫活动猖獗。据观测,每年秋季如气温低、降水少,第二年春季再遇低温天气,则坏死卵块较多。第二年4月,降水适宜,气温回升快,早晚温差不大,蝗虫孵化率高。孵化后的蝗蝻在少雨、气温高时活动猖獗。

四、防控技术

(一)农业防治

入冬前发生量多的沟、渠,利用冬闲深耕晒垄,破坏越冬虫卵的生态环境,减少越冬虫卵。

(二)科学用药

发生较重的年份,可在7月进行喷药防治,之后则视虫情每隔10天防治一次。药剂可选用5%氟虫腈悬浮剂1500倍液或2.5%高效氯氟氰菊酯乳油2000～3000倍液、5%吡虫啉乳油等喷雾,推荐使用生物制剂防治,如100亿孢子/g金龟子绿僵菌、200亿孢子/g 球孢白僵菌、0.3% 印楝素或 0.2 亿孢子/mL 蝗虫微孢子虫。

撰稿人：赵　丹（河北农业大学植物保护学院）
　　　　王　倩（河北农业大学植物保护学院）
审稿人：陆秀君（河北农业大学植物保护学院）

第二十一节　小造桥虫

小造桥虫（*Anomis flava*），又称棉小造桥虫、小造桥夜蛾、棉夜蛾等，属于鳞翅目（Lepidoptera）夜蛾科（Noctuidae）。

一、诊断识别

成虫：体长 10～13mm，翅展 26～32mm。雄蛾触角双栉齿状，黄褐色。前翅外缘中部向外突出呈角状，中横线到基部之间为黄色，密布赤褐色小黑点；亚基线、中横线和外横线均不平直；肾形纹为短棒状，环形纹为白色小点。后翅淡灰黄色，翅基部色较浅。雌蛾触角丝状，淡黄色，前翅色泽较雄蛾淡，斑纹与雄蛾相似，后翅黄白色。

卵：扁圆形，直径约 0.6mm，高约 0.2mm，青绿色。卵顶有一圆圈，四周有 30～34 条隆起的纵线，纵线间又有 11～14 条隆起的横线，交织成方格纹。孵化前为紫褐色。

幼虫：共 6 龄，老熟幼虫体长 35mm。头部淡黄色，胸腹部黄绿色、绿色、灰绿色等，背线、亚背线、气门上线及气门下线灰褐色，中间有不连续白斑；毛片褐色，粗看像许多散生小黑点。第 1 对腹足退化，仅留极小不明显的趾钩痕迹。第 2 对腹足较小，趾钩 11～14 个。第 3～4 对腹足发达，趾钩 18～22 个。臀足趾钩 19～22 个。趾钩有亚端齿。爬行时虫体中部拱起（图 3-25）。

图 3-25　小造桥虫幼虫（赵丹　提供）

蛹：长约17mm，红褐色。头顶中央有1个乳头状突起，后胸背面、腹部第1～8节背面满布小刻点，第5～8节腹面有小刻点及半圆形刻点。腹部末端较宽，背面及腹面有不规则皱纹，两侧延伸为尖细的角状突起，上有刺3对，腹面中央1对粗长，略弯曲，两侧的2对较细，黄色，尖端钩状。

二、分布为害

小造桥虫在我国分布很广，除新疆、西藏不详外，其他各花生产区均有发生。近年来，小造桥虫的发生有逐年上升趋势。此虫蔓延较快，且具有一定的暴食习性，如不及时防治常造成严重灾害。幼虫取食叶片、花、蕾、果和嫩枝。初孵幼虫取食叶肉，留下的表皮像筛孔，大龄幼虫将叶片咬成许多缺刻或空洞，只留叶脉。受害严重的花生植株，片叶无存，形似火烧状。

三、发生规律

小造桥虫在黄河流域1年发生3或4代，在长江流域1年发生5或6代。第一代幼虫为害盛期在7月中下旬，第二代幼虫为害盛期在8月上中旬，第三代幼虫为害盛期在9月上中旬，有趋光性。白天隐蔽在作物和杂草等处，夜间活动。羽化至产卵，气温高则时间短，反之则长。气温高，则成虫寿命短，反之则长；雌成虫寿命长，雄成虫寿命短。卵散产在叶背。初孵幼虫活跃，受惊滚动下落，一龄、二龄幼虫取食下部叶片，稍大后转移至上部为害，四龄后进入暴食期。老龄幼虫在苞叶间吐丝卷包，在包内作薄茧化蛹。

四、防控技术

（一）农业防治

耕地翻蛹、埋蛹，减少虫源。秋、冬季节结合垦复，消灭土里的蛹或将蛹埋入土层深处，使之不能羽化出土。

（二）物理防治

利用成虫的趋光性，采用灯光诱蛾。每天早晨检查一次诱捕到的成虫数量，以便作为监测虫卵和幼虫的依据。

（三）生物防治

利用小造桥虫的天敌，如寄生蜂、寄生蝇、胡蜂、鸟类和菌类等进行防治。使用16 000IU/mg苏云金芽孢杆菌喷杀二龄至三龄幼虫，灭虫率达90%以上。

（四）科学用药

药剂防治小造桥虫应坚持治早、治小的原则。在幼虫孵化至三龄盛期，喷洒22%噻虫·高氯氟悬浮液2000倍液，或喷施45%马拉硫磷乳油等。

撰稿人：赵　丹（河北农业大学植物保护学院）
　　　　王　倩（河北农业大学植物保护学院）
审稿人：陆秀君（河北农业大学植物保护学院）

第二十二节　双斑萤叶甲

双斑萤叶甲（*Monolepta hieroglyphica*），属于鞘翅目（Coleoptera）叶甲科（Chrysomelidae）萤叶甲亚科（Galerucinae）。

一、诊断识别

成虫：长卵圆形，体长3.5～4.0mm。头、胸红褐色，触角灰褐色。鞘翅基半部黑色，上有2个淡黄色斑，斑前方缺刻较小，鞘翅端半部黄色（图3-26）。胸部腹面黑色，腹部腹面黄褐色，体毛灰白色。触角丝状，11节，基部3节黄色，余为黑色。

图3-26　双斑萤叶甲成虫（郭巍　提供）

卵：圆形，初产时棕黄色，长约0.6mm，宽约0.4mm。
幼虫：长形，白色，少数黄色；体长约6mm，宽约1.2mm，但行动时可伸长至9mm。
蛹：白色，长2.8～3.5mm，宽约2mm，体表具刚毛。

二、分布为害

双斑萤叶甲在我国广泛分布于东北、华北、华中、宁夏、甘肃、陕西、江苏、浙江、四川、贵州、新疆等地。成虫食性杂、危害性较大，主要为害豆类、花生、玉米、高粱、粟、向日葵、马铃薯等。幼虫生活于土中，以杂草及禾本科植物等的根部为食。

三、发生规律

在辽宁、河北、山西1年发生1代，以卵在土中越冬。越冬卵5月开始孵化，幼虫共3龄，幼虫期约为30天，全期在土下3mm处生活，以杂草根为食，喜食禾本科植物。幼虫老熟后即在土下作土室化蛹，蛹期为7~10天。7月出现成虫。羽化后经20余天进行交配。雌成虫将卵产于土缝中，一次可产卵30余粒，一生可产卵200余粒。卵散产或几粒粘在一起。成虫羽化后先在田边、沟渠两边的杂草上和大田中的豆类作物上取食叶片，经半个月左右转向大田的玉米、高粱、粟等作物，取食叶肉，残留网状叶脉或将叶片食成孔洞。7~8月当玉米抽出雌穗、高粱灌浆时，取食玉米花丝、高粱和粟的花药及嫩粒，也是为害花生盛期。9月禾谷类作物收获，成虫转向为害十字花科蔬菜。在干旱年份发生较重，旱田重于水浇田和盐碱田。趋光性弱。在强烈阳光下，多隐于叶背，钻入花丝、谷穗或高粱穗中。在气温低于8℃或阴雨、风大的天气，成虫则隐于植株根部、土缝或枝叶下。成虫有群聚性和趋嫩为害性，常集中于1株植株并自上而下取食。

四、防控技术

（一）农业防治

清除田边地头杂草，秋季深翻灭卵，可减轻危害。特别是稗，及时清除可减少双斑萤叶甲的越冬寄主植物，降低越冬基数；合理施肥，提高植株的抗逆性；该虫刚发生时呈点片为害，盛发期向周边地块扩散，对点片发生的地块于早晚人工捕捉，降低基数；对双斑萤叶甲危害重及防治后的农田及时补水、补肥，促进农作物的营养生长及生殖生长。

（二）科学用药

根据成虫有群集性和弱趋光性，喷药时要在9:00~10:00和16:00~19:00进行，注意交替用药。在发生严重的田块，可于成虫盛发期选用45%马拉硫磷乳油、2.5%溴氰菊酯乳油、2.5%高效氟氯氰菊酯乳油喷雾防治。

撰稿人：赵　丹（河北农业大学植物保护学院）
　　　　王　倩（河北农业大学植物保护学院）
审稿人：陆秀君（河北农业大学植物保护学院）

第四章

花生田草害

第一节 马 唐

一、诊断识别

马唐（*Digitaria sanguinalis*），别名署草、叉子草、线草，属于禾本科（Poaceae）马唐属（*Digitaria*），是一年生草本植物。株高 40~100cm。上部直立，中部以下伏地生，节上具有不定根。叶鞘短于节间，具稀疏长毛；叶舌卵形，棕黄色，膜质；叶片长线状披针形或短线形，疏生软毛或无毛。总状花序，由 2~8 个细长的穗集成指状，小穗较大，狭披针形，孪生或单生。颖果长椭圆形，较大，成熟后呈灰白色或微带紫色。

二、分布为害

马唐适应性较强，主要旱作物田间均有发生，通常单生或群生，喜湿、喜光性较强，适生于潮湿多肥的农田，是花生田的主要杂草之一（图4-1）。在我国，分布于四川、新疆、陕西、甘肃、山西、河北、河南、安徽、湖北、湖南、江西等地。

图 4-1 花生田马唐为害状（杜龙 拍摄）

三、发生规律

（一）种子萌发

马唐种子萌发受土质、埋藏深度、土壤湿度等影响。种子埋藏深度1～3cm可萌发出苗，深度超过3cm时出苗受到一定影响，深度超过9cm时不能出苗。在不同土壤湿度条件下，种子发芽率差异明显，总的趋势是常规自然条件下发芽率高，干旱胁迫下发芽率受到严重影响。

（二）生活史

马唐为一年生植物，多数5～6月出苗，7～8月开花，8～9月成熟，以种子繁殖，一株马唐有数百至数千粒种子。马唐的全生长周期均可为害花生。

（三）传播与扩散途径

马唐种子成熟脱落后，靠风力、水流、人畜、农机具携带传播。种子生命力强，被牲畜整粒吞食后排出体外或埋入土中，仍能保持发芽力。

四、防控技术

（一）化学除草

利用化学药剂除草是目前花生田除草的主要方式。在花生整个生育期，需要1次土壤处理及1或2次茎叶处理。

花生田常用的土壤处理除草剂及其用量：50%乙草胺乳油100～160mL/亩、960g/L精异丙甲草胺乳油45～60mL/亩、450g/L二甲戊灵微囊悬浮剂110～150mL/亩、48%仲丁灵乳油225～300mL/亩。

花生田常用的茎叶处理除草剂及其用量：5%精喹禾灵乳油50～80mL/亩、108g/L高效氟吡甲禾灵乳油20～30mL/亩、15%精吡氟禾草灵乳油50～67mL/亩、20%烯禾啶乳油66.5～100mL/亩等。

（二）物理防治

根据田间马唐及其他杂草发生情况，可进行人工拔除。一般应结合机械或人工中耕除草2或3次，中耕除草既可防除已出土的杂草，还可在一定程度上抑制中耕土层中杂草种子的萌发，并改善土壤结构，促进根系发育和改善根际微生态。多数中耕机械难以完全清除株间杂草，因此必要时仍需人工拔除大草。此外，火焰除草是一种特异的物理除草方式，通过可燃气体燃烧产生高温火焰灼烧除草，是国外一些有机农产品（如玉米、洋葱、果园等）生产上常用的除草方法，但对设备和操作技术有一定要求，国内部分地区已开始应用。

（三）农业防治

农业防治是指通过农事操作、栽培管理等手段营造不利于杂草萌发、生长、结籽的田间环境，减少杂草的发生和为害。合适的农业防治措施可有效减少化学除草剂的过量使用，是促进绿色防控和节本增效的基础。花生田防治马唐和其他同类杂草的栽培管理措施包括：深翻土壤，将土壤表层中的杂草种子翻入 20cm 土层下，可有效抑制大部分农田杂草种子的萌发和出芽；合理轮作倒茬，如花生与水田作物轮作可改变杂草群落结构，降低田间杂草种群密度，对于部分难以防除的马唐及其他恶性杂草，可利用轮作换茬的方式在倒茬作物期选用合适的除草剂对其进行防除，有效降低杂草数量；覆盖地膜，这是北方花生产区重要的高产栽培措施，黑色地膜可有效减少膜下杂草的发生，透明地膜虽不能抑制杂草萌发和出芽，但仍可对膜下杂草生长有抑制作用；田间覆盖，可将作物秸秆、麦糠等覆盖于田间，既可抑制杂草发生，又有利于田间增温、保湿和改善土壤微生态，促进花生生长及增产。

撰稿人：杜　龙（山东省花生研究所）
　　　　陈剑洪（泉州市农业科学研究所）
审稿人：曲明静（山东省花生研究所）

第二节　稗

一、诊断识别

稗（*Echinochloa crusgalli*），别名稗子、稗草、野稗，属于禾本科（Poaceae）稗属（*Echinochloa*），是一年生草本植物。株高 50～130cm。秆丛生，茎基部倾斜或膝曲，光滑无毛。叶片扁平，条形，长 10～40cm，宽 0.5～1.5cm，无毛。圆锥花序狭窄，小穗卵状椭圆形。

二、分布为害

稗在我国各地均有分布，多生于温暖区域，常见于沼泽地、沟边及水稻田中。在花生水旱轮作田中发生较多（图4-2）。

三、发生规律

（一）种子萌发

刚成熟的稗种子不能萌发，具有休眠期特性，完成后熟即可萌发，最适萌发温度为 20℃。适度的低温层积可显著提高稗种子的萌发率。

图 4-2　花生田稗为害状（杜龙　拍摄）

（二）生活史

稗为一年生植物，多数 5~6 月出苗，7~8 月开花，以种子繁殖，种子成熟时间不一致，成熟后逐次自然脱落。

（三）传播与扩散途径

稗的种子成熟脱落后，靠风力、水流和人畜、农机具携带或随作物收获传播，或被牲畜整粒吞食后排出从而进行传播。

四、防控技术

稗的防控，参照马唐。

撰稿人：杜　龙（山东省花生研究所）
　　　　白冬梅（山西农业大学经济作物研究所）
审稿人：曲明静（山东省花生研究所）

第三节　牛　筋　草

一、诊断识别

牛筋草（*Eleusine indica*），别名蟋蟀草、蹲倒驴，属于禾本科（Poaceae）䅟属（*Eleusine*），是一年生草本植物（图4-3）。根须状，秆扁，自基部分枝，斜生或偃卧，秆与叶强韧，不易拔断，高10~60cm。叶鞘压扁而有脊，叶舌短。叶片条形，扁平或卷折，无毛或上部具有柔毛。穗状花序2~7枚，呈指状排列于秆顶，有时其中1或2枚单生于花序之下。小穗无柄，有花3~6朵，呈2行，紧密着生于宽扁穗轴的一侧，颖披针状，不等长，有脊，外颖短，内颖长。内稃短，脊上有纤毛；外稃长，脊上有狭翅。颖果呈三角状卵形，黑棕色，有明显的波状皱纹。

图4-3　牛筋草的植株形态（曲明静　提供）

二、分布为害

牛筋草广泛分布于温带和热带等光照充足的地区，容易形成单一优势群落，多生长于较湿润的农田、荒地、果园、草坪及路旁，可以为害豆类、薯类、蔬菜、果树等旱地植物。在我国，各产区花生田均常见牛筋草为害。

三、发生规律

(一) 种子萌发

牛筋草种子发芽时期为 4~9 月,气温低于 25℃时种子不萌发,当温度高于 25℃时,牛筋草种子萌发率超过 90%。种子成熟时期为 7~12 月,干旱胁迫、气温下降、药物施用等因素可促进牛筋草种子提前成熟。

(二) 生活史

牛筋草为一年生植物,5~8 月屡见幼苗,开花结籽期为 6~10 月,一生均可为害花生。由种子繁殖,种子边成熟边脱落。

(三) 传播与扩散途径

牛筋草可通过有性和无性方式繁殖。有性繁殖通过种子繁殖,无性繁殖通过根、茎、叶或根茎、匍匐茎、块茎、球茎、鳞茎等器官繁殖。种子主要借助自然力如风吹、流水及动物取食排泄传播,或附着在机械、动物皮毛或人的衣服、鞋子上,通过机械、动物或人的移动而到处散布传播。

四、防控技术

牛筋草的防控,参照马唐。

撰稿人:杜　龙(山东省花生研究所)
　　　　王明辉(黄冈市农业科学院)
审稿人:曲明静(山东省花生研究所)

第四节　狗　尾　草

一、诊断识别

狗尾草(*Setaria viridis*),别名谷莠子,属于禾本科(Poaceae)狗尾草属(*Setaria*),是一年生晚春性杂草(图 4-4)。株高 20~60cm。直立或茎部膝曲,通常丛生。叶鞘圆形,短于节间,有毛,叶舌纤毛状。叶片线形或披针形,基部渐狭呈圆形,开展。圆锥花序紧密呈圆柱形,通常微弯垂,绿色或变紫色,总轴有毛,小穗椭圆形,顶端钝,3~6 个簇生,外颖稍短,卵形,具 3 脉,内颖与小穗等长或稍短,具 5 脉,不稔花外颖与内颖等长,结实花外颖较小,穗较短,卵形,革质。颖果椭圆形,扁平,具脊。

二、分布为害

狗尾草适应性较强,各种类型花生田均可生长,是秋熟旱地作物田的主要杂草,生于田间、荒地。在我国，各花生产区均有发生。

图 4-4　狗尾草的植株形态（曲明静　提供）

三、发生规律

（一）种子萌发

刚成熟的狗尾草种子不能萌发，具有休眠期特性，完成后熟即可萌发。种子发芽的适宜温度为 15～30℃，春季的 2～5 月及秋季的 9～10 月种子发芽率高。

（二）生活史

狗尾草为一年生植物，多数 4～5 月出苗，7～8 月开花，8～9 月成熟。以种子繁殖，种子一般秋天成熟，灰白色。

（三）传播与扩散途径

狗尾草种子经过越冬和休眠后萌发。主要靠风、流水、粪肥、农机具携带，或随作物收获等方式传播种子。种子由坚硬的厚壳包被，被牲畜整粒吞食后排出体外或深埋土壤中一定时间，仍可保持较高的发芽力。

四、防控技术

狗尾草的防控，参照马唐。

撰稿人：杜　龙（山东省花生研究所）
审稿人：曲明静（山东省花生研究所）

第五节　芦　苇

一、诊断识别

芦苇（*Phragmites australis*），属于禾本科（Poaceae）芦苇属（*Phragmites*），是多年生水生或湿地高大草本植物（图4-5）。株高1～3m。具粗壮的匍匐根状茎，直径为2～10mm，节下通常具白粉。叶鞘圆筒形。叶舌有毛。叶片长15～45cm，宽1.0～3.5cm。圆锥花序，顶生，疏散，长10～40cm，稍下垂，下部枝腋具白柔毛。小穗通常含4～7朵花，长12～16mm。颖具3脉，第一颖长3～7mm，第二颖长5～11mm。第一朵花通常为雄性。外稃长8～15mm，内稃长3～4mm，脊上粗糙。颖果，长圆形。

图4-5　芦苇的植株形态（陈傲　拍摄）

二、分布为害

芦苇广泛分布于全国温带地区，生长于河岸、湿地、盐碱地等，为水稻田及旱田杂草。在山东北部沿海、新疆部分地区花生田常见。

三、发生规律

（一）种子萌发

芦苇种子在低于 20℃恒温培养条件下很难发芽，20～30℃随温度的增高发芽率呈增加趋势，80% 水分饱和度最适合萌发。

（二）生活史

芦苇为多年生高大草本植物，花期 8～9 月。以种子、根状地下茎繁殖。

（三）传播与扩散途径

芦苇种子一般通过风传播，种子外面生有絮或羽毛，成熟后就会随风飘散。根状茎可随苗木调运夹带传播。

四、防控技术

（一）化学除草

在芦苇密度较高的花生田，可用 108g/L 高效氟吡甲禾灵乳油 90mL/亩进行茎叶喷雾，喷雾时添加植物油（使用浓度 0.1%～0.2%）、有机硅（使用浓度 <0.05%）等增效助剂。

（二）物理防治

在芦苇密度不高的花生田块，可通过深挖土壤将地下根茎等繁殖体翻至土表，然后将其捡拾收集并销毁。

（三）农业防治

花生田防治芦苇的农业措施包括：深翻土壤，并将土壤中芦苇的地下根茎移除，降低田间繁殖体数量，同时也抑制杂草种子的萌发和出芽；轮作倒茬，降低种植密度，并可在倒茬作物期选用合适的除草剂对其进行防除，有利于减少对下茬花生的为害；田间覆盖，包括地膜覆盖或作物秸秆覆盖等，可抑制杂草的生长和为害。

撰稿人：陈　傲（湛江市农业科学研究院）
审稿人：曲明静（山东省花生研究所）

第六节　鳢　肠

一、诊断识别

鳢肠（*Eclipta prostrata*），别名墨旱莲、旱莲草、墨草，属于菊科（Asteraceae）鳢

肠属（*Eclipta*），是一年生草本植物（图4-6）。株高60cm。茎细弱，斜上或近直立，通常自基部分皮，被贴生糙毛；具淡黑色汁液。叶片长圆状披针形或披针形，长3～10cm，宽0.5～2.0cm，先端尖或渐尖，全缘或有细锯齿，两面密被硬糙毛。近无叶柄。头状花序，单生，直径6～8mm，花序梗长2～4cm。总苞球状钟形，总苞片绿色，草质，5或6枚排成2层，长圆形或长圆状披针形。花托凸，托片披针形或刚毛状。外围舌状花雌性，2层，白色，舌片小，全缘或2裂。中央管状花两性，白色，顶端4齿裂。花柱分枝钝，有乳头状突起。管状花瘦果三棱状，舌状花瘦果扁四棱形，表面有疣状突起，无冠毛。

图4-6 鳢肠的植株形态（曲明静 提供）

二、分布为害

鳢肠喜湿润环境，生长于水边湿地、田间、河岸。在湿润的棉花、花生、大豆和甘薯地及水稻田中为害较严重，也常见于路边及沟渠旁。在我国，南方产区花生田发生较普遍。

三、发生规律

（一）种子萌发

鳢肠种子无低温贮藏后熟的特性，为光敏感种子，在光照条件下才能萌发。种子萌发的适宜温度为25～40℃，最适温度为35℃。鳢肠种子萌发对水分非常敏感，水分充足时才能发芽。

（二）生活史

鳢肠是一年生湿生性杂草。以种子繁殖，5月开始出苗，6～7月出苗达到高峰期，

6~10月开花结果，8~11月种子陆续成熟落地。

（三）传播与扩散途径

鳢肠通过种子繁殖，种子成熟后，或就近落地入土，或借助水流、农机具携带，或随作物收获远距离传播。种子成熟后落于土壤，也可混杂于堆肥中再回到农田。生长于田边的鳢肠植株是农田重要的杂草种源。

四、防控技术

（一）化学除草

花生田常用的土壤处理除草剂及其用量：50%乙草胺乳油100~160mL/亩、960g/L精异丙甲草胺乳油45~60mL/亩、450g/L二甲戊灵微囊悬浮剂110~150mL/亩、48%仲丁灵乳油225~300mL/亩、40%扑草净可湿性粉剂125~188g/亩、240g/L乙氧氟草醚乳油40~60mL/亩、250g/L噁草酮乳油115~192mL/亩、50%丙炔氟草胺可湿性粉剂4~8g/亩等。

花生田常用的茎叶处理除草剂及其用量：10%乙羧氟草醚乳油20~30mL/亩、250g/L氟磺胺草醚水剂40~50mL/亩、240g/L乳氟禾草灵乳油15~30mL/亩、480g/L灭草松水剂150~200mL/亩、240g/L甲咪唑烟酸水剂20~30mL/亩。

（二）物理防治

花生田间鳢肠的分布一般不均匀而呈片状分布，可根据发生情况对集中分布的鳢肠进行人工拔除。也可结合机械或人工中耕进行防除2或3次，通过中耕防除鳢肠及其他杂草，还可抑制土层中杂草种子的萌发。针对鳢肠的喜湿特性，如果田间有局部低洼湿润或积水的情况，应进行多轮物理防除。

（三）农业防治

鳢肠在花生田多呈片状分布，集中程度较高，农业防治的重点是减少田间杂草种子的数量和萌发，防止田间积水，降低田间湿度。鳢肠等杂草防除的农业措施包括：深翻土壤，将土壤表层的鳢肠种子翻入20cm土层下，有效抑制杂草种子的萌发和出芽；轮作倒茬，降低田间杂草密度，并利用倒茬作物生长期选用合适的除草剂对其进行防除，降低杂草植株和种子的数量；田间覆盖，利用塑料地膜或作物秸秆、稻糠、麦糠等覆盖，可抑制杂草的发生；清沟排渍，降低田间湿度，减少鳢肠和其他喜湿性杂草的发生；田园清理，及时防除田边和沟渠边的鳢肠等杂草，减少杂草种源，减少当季和下茬杂草的发生及传播为害。

撰稿人：杜　龙（山东省花生研究所）
审稿人：曲明静（山东省花生研究所）

第七节 苣荬菜

一、诊断识别

苣荬菜（*Sonchus wightianus*），别名曲荬菜、甜苣菜，属于菊科（Asteraceae）苦苣菜属（*Sonchus*），是多年生草本植物（图 4-7）。株高 20～50cm。具长匍匐根，地下横走，白色。茎直立，无毛，下部常带紫红色，通常不分枝。基生叶广披针形或长圆状披针形，灰绿色，长 10～20cm，宽 2～5cm，先端钝或锐尖，基部渐狭成柄，边缘具牙齿或缺刻。茎生叶无柄，基部耳状抱茎，两面无毛。头状花序，在茎顶呈伞房状，直径约为 2.5cm。总苞钟状，长 1.5～2.0cm，宽 1.0～1.5cm。总苞片 3 或 4 层，外层苞片椭圆形，较短；内层较长，披针形。舌状花 80 余朵，花序长 1.9cm。瘦果，长圆形，长约 3mm，褐色，稍扁，两面各有 3～5 条纵肋，微粗糙；冠毛白色，长约 12mm。

图 4-7 苣荬菜的植株形态（曲明静 提供）

二、分布为害

苣荬菜主要分布于我国北部产区，生长于田间、荒地，是农田主要杂草，可为害小麦、玉米、棉花、油菜、蔬菜、果树等。部分花生产区发生严重。

三、发生规律

（一）种子萌发

苣荬菜种子的最适萌发温度为 18～25℃，相对湿度为 65% 左右。

（二）生活史

苣荬菜为多年生草本植物，开花期 7～8 月，种子成熟期 8～10 月。种子千粒重 1.6g 左右。可种子繁殖，亦可根茎繁殖，适生性强。

（三）传播与扩散途径

苣荬菜种子细小，顶端有伞状冠，可借助风进行远距离传播。根状茎可随种苗、苗木调运夹带传播。

四、防控技术

苣荬菜的防控，参照鳢肠。

撰稿人：杜　龙（山东省花生研究所）
审稿人：曲明静（山东省花生研究所）

第八节　小　蓬　草

一、诊断识别

小蓬草（*Erigeron canadensis*），别名小飞蓬、飞蓬、小白酒草、加拿大飞蓬，属于菊科（Asteraceae）飞蓬属（*Erigeron*），是一年生草本植物（图 4-8）。株高 50～100cm。茎直立，具纵条棱，淡绿色，疏被硬毛，上部多分枝。叶互生，线状披针形或长圆状线形，长 3～7cm，宽 2～8mm，先端渐尖，基部狭，全缘或具微锯齿，边缘有长缘毛，无明显叶柄。头状花序，极多，在茎顶密集成长形圆锥状或伞房圆锥状，直径约为 4mm，有短梗。总苞半球形，直径约为 3mm，总苞片 2 或 3 层，线状披针形，边缘膜质，几无毛。舌状花直立，白色带紫色，线形至披针形。两性花筒状，5 齿裂。瘦果，长圆形，冠毛污白色，刚毛状。

二、分布为害

小蓬草在全国各地均有分布，生长于田间、路边、荒地，为害秋作物及果园等。花生田为害总体较轻。

图 4-8　小蓬草的植株形态（曲明静　提供）

三、发生规律

（一）种子萌发

小蓬草种子的最适萌发温度为 20～25℃，在中性土壤环境下萌发率较高，对 NaCl 的耐受性较好。低温可显著抑制小蓬草种子萌发及幼苗生长。

（二）生活史

小蓬草以种子繁殖，花果期 5～10 月，种子于 8～9 月成熟。

（三）传播与扩散途径

小蓬草可产生大量瘦果，借助冠毛随风扩散，蔓延极快。

四、防控技术

小蓬草的防控，参照鳢肠。

撰稿人：杜　龙（山东省花生研究所）
　　　　张　鑫（山西农业大学经济作物研究所）
审稿人：曲明静（山东省花生研究所）

第九节　苦荬菜

一、诊断识别

　　苦荬菜（*Ixeris polycephala*），别名多头莴苣、多头苦荬菜，属于菊科（Asteraceae）苦荬菜属（*Ixeris*），是一年生草本植物（图4-9）。株高15～30cm。茎直立，通常自基部分枝。基生叶线状披针形，长6～25cm，宽0.5～1.5cm，先端渐尖，基部楔形下延，全缘，稀羽状分裂，叶脉羽状，具短柄。茎生叶宽披针形或披针形，长6～12cm，宽0.7～1.3cm，先端渐尖，基部箭形，全缘或具疏齿，无柄。头状花序具柄，密集，排列呈伞房状或近伞形状。总花序梗纤细，长0.5～1.5cm。总苞花期钟形，果期呈坛状，长0.6～0.8cm，宽0.3～0.4cm。总苞片2层，外层总苞片5枚，长1m；内层总苞片8枚，卵状披针形或披针形，长0.6～0.8cm，先端渐尖，边缘膜质。花全为舌状花，黄色，舌片长0.5cm，顶端5齿裂。果实纺锤形。种子长0.3cm，黄棕色，具10条翼棱，棱间沟较深而棱锐，具细长喙，喙长1.5mm，冠毛白色，长0.4cm，刚毛状。

图4-9　苦荬菜的植株形态（曲明静　提供）

二、分布为害

　　苦荬菜在我国华东、华中、华南及西南地区有分布。生长于田间、路旁及山坡草地，为害旱地、园区及草坪。部分花生田有轻微发生。

三、发生规律

（一）种子萌发

苦荬菜种子的最适萌发温度为15～20℃。

（二）生活史

苦荬菜花期3～5月，果期5～8月。以种子繁殖。

（三）传播与扩散途径

苦荬菜种子较小，随风扩散，蔓延极快。

四、防控技术

苦荬菜的防控，参照鳢肠。

撰稿人：杜　龙（山东省花生研究所）
　　　　蒋相国（襄阳市农业科学院）
审稿人：曲明静（山东省花生研究所）

第十节　苍　耳

一、诊断识别

苍耳（*Xanthium strumarium*），别名老苍子、虱麻头、青棘子、苍子、野茄子、刺儿棵、疔疮草，属于菊科（Asteraceae）苍耳属（*Xanthium*），是一年生草本植物。株高30～100cm。茎直立，粗壮，多分枝，有钝棱及长条状斑点。叶互生，叶片三角状卵形或心形，长6～10cm，宽5～10cm，顶端尖，基部浅心形至阔楔形，边缘有不规则的锯齿或常呈不明显的3浅裂，两面有贴生糙伏毛；叶柄长3.5～10.0cm，密被细毛。花单性，雌雄同株；雄头状花序椭圆形，生于雄花序的下方，总苞有钩刺，内含2朵花。瘦果壶体状，无柄，长椭圆形或卵形，长10～18mm，宽6～12mm，表面具钩刺和密生细毛，钩刺长1.5～2.0mm，顶端喙长1.5～2.0mm。

二、分布为害

苍耳分布于全国各地，多生长于果园、田间、河边、路旁荒地，主要为害果树、玉米、棉花、豆类等作物。在部分花生田有轻微发生（图4-10）。

图 4-10　花生田苍耳为害状（倪皖莉　提供）

三、发生规律

（一）种子萌发

苍耳种子的最适萌发温度为 25℃。种子萌发阶段对光照没有严格需求，对温度、土壤水分、盐分及土壤酸碱度均有极强的耐受性。

（二）生活史

苍耳花期 7～10 月，果期 8～11 月。以种子繁殖。

（三）传播与扩散途径

苍耳主要靠动物传播，种子密布倒钩，可附着于动物皮毛实现远距离传播。

四、防控技术

（一）化学除草

花生田常用的土壤处理除草剂及其用量：40% 扑草净可湿性粉剂 125～188g/亩、240g/L 乙氧氟草醚乳油 40～60mL/亩、250g/L 噁草酮乳油 115～192mL/亩、50% 丙炔氟草胺可湿性粉剂 4～8g/亩等。

花生田常用的茎叶处理除草剂及其用量：10% 乙羧氟草醚乳油 20～30mL/亩、250g/L 氟磺胺草醚水剂 40～50mL/亩、240g/L 乳氟禾草灵乳油 15～30mL/亩、480g/L 灭草松水剂 150～200mL/亩、240g/L 甲咪唑烟酸水剂 20～30mL/亩。

（二）物理防治

多数情况下苍耳在田间呈片状发生，可根据田间发生的具体情况进行人工拔除，尤其在苗期因其叶片大，容易遮蔽花生苗，密度大时须及时拔除。也可结合机械或人工中耕进行防除，既可防除已有的杂草，也可抑制土壤中杂草种子的萌发。通过中耕也可以改善土壤结构，减少渍水为害，促进根系和植株生长，但由于机械中耕难以完全防除株间杂草，必要时须对株间杂草进行多轮人工拔除。

（三）农业防治

花生田防治苍耳的农业措施包括：通过深翻土壤将表土层的杂草种子翻入20cm土层之下，抑制杂草种子的萌发和出芽；通过轮作倒茬降低田间杂草种群密度；通过地膜或作物秸秆、稻糠及麦糠等覆盖，可抑制杂草的发生，并具有增温保墒和促进花生生长发育的作用。

撰稿人：杜　龙（山东省花生研究所）
　　　　倪皖莉（安徽省农业科学院）
审稿人：曲明静（山东省花生研究所）

第十一节　刺　儿　菜

一、诊断识别

刺儿菜（*Cirsium arvense* var. *integrifolium*），别名小蓟、大蓟、大刺儿菜，属于菊科（Asteraceae）蓟属（*Cirsium*）丝路蓟（*Cirsium arvense*），是多年生根蘖杂草（图4-11）。株高20~50cm。有较长的根状茎。茎直立，有棱，上部具有分枝，全草被绵毛。叶互生，基生叶花时凋落，下部和中部叶片椭圆形或椭圆状披针形，长7~10cm，宽1.5~2.5cm，叶面绿色，叶背淡绿色，两面有疏密不等的白色蛛丝状毛，顶端短尖或钝，基部狭窄或钝圆，全缘或有疏锯齿，有短柄或无柄。头状花序，单生于顶端，雌雄异株，雄花序较小总苞长18mm，雌花序较大总苞长约25mm，总苞片6层，外层苞片短，长椭圆状披针形，中层以内总苞片披针形，顶端长尖，有刺。雄花花冠长17~20mm，雌花花冠长约26mm，雄花花冠裂片长9~10mm，雌花花冠裂片长约5mm，花冠紫红色，雄花花药为紫红色，花药长约6mm，雌花退化雄蕊的花药长约2mm，花序托凸起，有托毛。瘦果椭圆形或长卵形，褐色，略扁平，冠毛羽状，白色或褐色。

二、分布为害

刺儿菜分布于全国各地，生长于田间、荒地、管理粗放的果园及林地，可为害各种作物以及果树。在全国各地花生田均可见。

图 4-11　刺儿菜的植株形态（曲明静　提供）

三、发生规律

（一）种子萌发

刺儿菜种子的最适萌发温度为 18~25℃，土壤湿度为 20%，或土表有一段时间的潮湿过程，即可萌发。适宜的发芽土层深度为 0.5~1.3cm。

（二）生活史

刺儿菜多数 5~9 月可随时萌发，6~7 月开花，种子 7~8 月成熟。以根上的不定芽及种子繁殖。

（三）传播与扩散途径

成熟的刺儿菜种子带有冠毛，可借助风力、流水、放牧和人为生产活动进行传播。根状茎可随苗木调运夹带传播。

四、防控技术

刺儿菜的防控，参照鳢肠。

撰稿人：杜　龙（山东省花生研究所）
　　　　谭家壮（湛江市农业科学研究院）
审稿人：曲明静（山东省花生研究所）

第十二节　藿　香　蓟

一、诊断识别

藿香蓟（*Ageratum conyzoides*），别名胜红蓟，属于菊科（Asteraceae）藿香蓟属（*Ageratum*），是一年生草本植物，无明显主根。株高20～80cm。茎直立，具分枝，被白色短柔毛或上部被稠密的长茸毛。叶对生，有时上部互生，具柄。茎中部叶长圆形，长3～8cm，宽2～5cm，先端稍尖，基部渐狭或楔形，边缘具圆锯齿，两面被白色稀疏的短柔毛，基出三脉或不明显五出脉。头状花序较小，顶生，多个紧密排成伞房花序，直径为1.5～3.0cm。花梗长0.5～1.5cm，被短柔毛。总苞钟状，总苞片2层，长圆形或披针状长圆形，外面无毛，边缘撕裂。花淡紫色或浅蓝色。瘦果，黑褐色，5棱，有白色稀疏细柔毛，冠毛鳞片状，上端渐狭成芒状，5或6根，长0.15～0.30cm。幼苗子叶椭圆形。第一片、第二片真叶卵圆形，边缘有锯齿，被白色柔毛。

二、分布为害

藿香蓟在我国长江流域以南地区分布较多，常为害秋收作物如花生、玉米、甘薯等，发生量大，危害重，是一种区域性恶性杂草（图4-12）。

图4-12　花生田藿香蓟为害状（曲明静　提供）

三、发生规律

（一）种子萌发

藿香蓟种子的最适发芽温度为 15～20℃。

（二）生活史

周年均为藿香蓟的花果期。

（三）传播与扩散途径

藿香蓟种子繁殖或茎节着地生根形成无性繁殖株。靠风、水流和人畜、农机具携带，或随作物收获传播。

四、防控技术

藿香蓟的防控，参照鳢肠。

撰稿人：杜　龙（山东省花生研究所）
审稿人：曲明静（山东省花生研究所）

第十三节　香　附　子

一、诊断识别

香附子（*Cyperus rotundus*），别名三棱草、莎草、香头草、旱三棱，属于莎草科（Cyperaceae）莎草属（*Cyperus*），是多年生草本植物（图4-13）。株高15～95cm。匍匐根状地下茎细长，具椭圆形块茎。地上茎直立，散生，锐三棱形，平滑。叶短于秆，宽0.2～0.5cm，平张。叶鞘棕色，常裂成纤维状。叶状苞片2或3枚，常长于花序。聚伞花序简单或复出，侧枝长，具3～10个辐射枝。分枝为穗状花序，稍疏松，具3～10个小穗。小穗斜展开，线形，长1～3cm，宽约0.2cm，具8～30朵花，小穗轴具较宽的白色透明的翅。鳞片复瓦状排列，膜质，卵形或长圆状卵形，顶端无短尖，长约0.3cm，中间绿色，两侧紫红色。小坚果，三棱状长圆形，长为鳞片的1/3～2/5。幼苗第一片真叶线状披针形，有5条明显的平行脉；第三片真叶具有10条明显的平行脉。

二、分布为害

香附子广泛分布于世界各地，生长于山坡荒地草丛中或水边潮湿处，为害棉花、大豆、甘薯等秋熟旱作。在我国，广东、广西、福建、湖南、湖北、江西等南方花生产区香附子发生广、危害重。

图 4-13　香附子的植株形态（杜龙　提供）

三、发生规律

（一）种子萌发

香附子种子的适宜发芽温度为 15～35℃。

（二）生活史

香附子花果期 5～10 月。一株香附子植株一年可以产生上万粒种子。

（三）传播与扩散途径

香附子可以块茎和种子繁殖，多以块茎繁殖。种子可以借助风力、水流及人畜活动传播、扩散。

四、防控技术

（一）化学除草

在花生田对香附子有一定抑制作用的土壤处理除草剂及其用量：50% 乙草胺乳油 100～160mL/亩、960g/L 精异丙甲草胺乳油 45～60mL/亩。

花生田常用的防除香附子的茎叶处理除草剂及其用量：240g/L 甲咪唑烟酸水剂 20～30mL/亩，480g/L 灭草松水剂 150～200mL/亩。

（二）农业防治

香附子在农田的密度一般较大，扩散和生长速度快，须采取综合措施进行防控。通过合理轮作并结合除草剂的使用，对香附子地下繁殖体（如块根、块茎、鳞茎）进行防除，如通过花生与玉米轮作，在玉米生长期间利用氯吡嘧磺隆茎叶喷雾防除香附子，可有效杀灭地下繁殖体，同时抑制其产生种子的数量，降低下茬花生生长季的香附子发生基数和为害程度。通过田间覆盖，如利用地膜或作物秸秆、稻糠及麦糠等覆盖，可在一定程度上抑制香附子的发生，而且地表覆盖具有增温保墒的作用，有利于花生的生长和增产。

撰稿人：杜　龙（山东省花生研究所）
审稿人：曲明静（山东省花生研究所）

第十四节　碎米莎草

一、诊断识别

碎米莎草（*Cyperus iria*），别名三棱草、荆三棱，属于莎草科（Cyperaceae）莎草属（*Cyperus*），是一年生草本植物。株高20～85cm。具须根，秆丛生，扁三棱形，基部具有少数叶，短于秆。叶鞘红褐色。叶状苞片3～5枚，通常较花序长。长侧枝聚伞花序复出，具4～9个辐射枝，最长者达12cm，每个辐射枝具有5～10个穗状花序。穗状花序短圆状卵形，具5～21个小穗；小穗排列松散、斜展、扁平，短圆形或披针形，具5～22朵花；鳞片宽倒卵形，先端略缺，有短尖，背部有绿色龙骨状突起，两侧黄色；雄蕊、柱头各3枚。柱头为倒卵形或椭圆形，三棱状，与鳞片等长，褐色，密生微突起细点。

二、分布为害

碎米莎草在世界各地均有分布，包括俄罗斯远东地区、中国北部、朝鲜、日本、越南、印度、伊朗、澳大利亚、非洲北部、美洲。生长于田间、山坡、路旁阴湿处。在部分花生田发生严重（图4-14）。

三、发生规律

（一）种子萌发

碎米莎草种子的适宜萌发温度为25～35℃。

（二）生活史

碎米莎草多数5～6月出苗，7～8月开花，8～9月成熟。以种子繁殖。

图 4-14　花生田碎米莎草为害状（曲明静　提供）

（三）传播与扩散途径

一株碎米莎草可产生数千至数万粒种子，种子边成熟边脱落，种子极小，可随气流传播到远处。种子在当年处于休眠状态，经越冬后才能发芽出苗，埋在土壤深处的种子可以保持几年不丧失发芽力。

四、防控技术

（一）化学除草

花生田常用的土壤处理除草剂及其用量：50%乙草胺乳油 100～160mL/亩、960g/L 精异丙甲草胺乳油 45～60mL/亩。

常用的防除碎米莎草的茎叶处理除草剂及其用量：240g/L 甲咪唑烟酸水剂 20～30mL/亩，480g/L 灭草松水剂 150～200mL/亩。

（二）农业防治

碎米莎草在花生田的密度一般较大，宜采取综合防控措施。深翻土壤有利于减少碎米莎草的发芽和出苗。实施合理轮作并结合除草剂的使用，在轮茬期间（如玉米）利用氯吡嘧磺隆等除草剂进行茎叶喷雾防除，可有效抑制杂草数量并减少种子数量，从而降低下茬花生田的碎米莎草发生基数。利用田间覆盖（如地膜或作物秸秆、稻糠及麦糠等覆盖），可在一定程度上抑制碎米莎草的发生，并且通过地表覆盖的增温和保墒，起到促进花生生产的作用。

撰稿人：杜　龙（山东省花生研究所）
审稿人：曲明静（山东省花生研究所）

第十五节　异型莎草

一、诊断识别

异型莎草（*Cyperus difformis*），别名球穗碱草、咸草等，属于莎草科（Cyperaceae）莎草属（*Cyperus*），是一年生草本植物（图4-15）。株高5～65cm。茎秆丛生，扁三棱形，平滑。叶短于秆，宽0.2～0.6cm，平张或沿中脉向上折合。叶鞘稍长，褐色，半透明膜质，叶脉11条，其中3条明显。苞片2或3枚，叶状，长于花序。长侧枝聚伞花序，简单，少数为复出，具3～9个辐射枝，辐射枝长短不等。分枝为头状花序，球形，直径为0.5～1.5cm。小穗密聚，披针形或线形，长0.2～0.8cm，具8～28朵花。鳞片排列疏松，膜质，近扁圆形，长不足0.1cm，中间淡黄色，两侧深红紫色，边缘白色。果实为小坚果，淡黄色，三棱状倒卵形，棱角锐。幼苗第一片真叶线状披针形，有3条直出平行脉。

图4-15　异型莎草的植株形态（曲明静　提供）

二、分布为害

异型莎草在我国各地均有发生。多生长于稻田中或水边潮湿处，是稻田及低洼地的常发杂草，部分地区水稻田或水稻与花生轮作田发生严重。

三、发生规律

（一）种子萌发

异型莎草种子萌发的适宜温度为30～40℃，适宜土层深度为2～3cm。

（二）生活史

异型莎草花果期6～10月。籽实极多，成熟后即脱落，春季出苗。以种子繁殖。

（三）传播与扩散途径

异型莎草种子主要靠风力、水流和人畜、农机具携带或随作物收获传播。

四、防控技术

异型莎草的防控，参照碎米莎草。

撰稿人：杜　龙（山东省花生研究所）
审稿人：曲明静（山东省花生研究所）

第十六节　头状穗莎草

一、诊断识别

头状穗莎草（*Cyperus glomeratus*），别名聚穗莎草、三轮草、状元花，属于莎草科（Cyperaceae）莎草属（*Cyperus*），是一年生草本植物（图4-16）。株高20～150cm。茎秆单一或丛生，直立粗壮，钝三棱形，平滑，基部稍膨大。叶片数较少，长度多小于茎秆，宽0.4～0.8cm。叶鞘长，红棕色。叶状苞片3～6枚，比花序长。长侧枝聚伞花序，有3～8个辐射枝，辐射枝长短不等。分枝为穗状花序，无总花梗，近圆形或长圆形，长1～3cm，具极多数小穗。小穗多列，排列紧密，线状披针形或线形，稍扁平，长0.5～1.0cm，宽约0.2cm，具8～16朵花。小穗轴具白色透明的翅，鳞片排列疏松，膜质，成熟后红褐色，近长圆形，顶端钝，长约0.2cm。果实为小坚果，灰褐色，长圆状三棱形，长为鳞片的1/2，具明显的网纹。幼苗第一片真叶线形，长约1cm，宽约0.4cm，腹面稍凹陷，有3条明显的平行脉和2或3条较细的叶脉。

二、分布为害

头状穗莎草在我国长江流域以北普遍发生。多生长于水边沙土上或路旁阴湿的草丛中，是低洼地、水田的常见农田杂草。在部分花生田偶有发生。

图 4-16　头状穗莎草的植株形态（曲明静　提供）

三、发生规律

（一）种子萌发

头状穗莎草种子的最适萌发温度为 20～30℃。

（二）生活史

头状穗莎草花果期 6～10 月，以种子繁殖。

（三）传播与扩散途径

头状穗莎草种子靠风力、水流和人畜、农机具携带或随作物收获传播。

四、防控技术

头状穗莎草的防控，参照碎米莎草。

撰稿人：杜　龙（山东省花生研究所）
审稿人：曲明静（山东省花生研究所）

第十七节 反 枝 苋

一、诊断识别

反枝苋（*Amaranthus retroflexus*），别名苋菜、人苋菜、西风谷，属于苋科（Amaranthaceae）苋属（*Amaranthus*），是一年生晚春性杂草。株高80～100cm。直立，茎圆形，肉质，密生短毛。叶互生，有柄，叶片倒卵形或卵状披针形，先端微凸或微凹，基部广楔形，边缘具细齿。圆锥花序，顶生或腋生，密集成直立的长穗状花簇，多刺毛。花被片5枚，白色，先端钝尖，雄蕊5枚，雌蕊1枚，子房上位。种子扁圆形，极小，黑色，光亮。

二、分布为害

反枝苋分布较为广泛。生长于田间、荒地、村庄附近的草地上，在花生、豆类、棉花、玉米、果园等作物田均有发生。为我国花生田的主要杂草之一（图4-17）。

图4-17 花生田反枝苋为害状（杜龙 拍摄）

三、发生规律

（一）种子萌发

反枝苋种子的萌发适温为15～30℃，土层内出苗，深度为0～5cm。

（二）生活史

反枝苋多数5～6月出苗，7～8月开花，8～9月成熟。出苗期可持续到8月，晚期出苗的矮小植株也能开花结实。一株可产生数万粒种子，种子边成熟边脱落，经过越冬才能发芽和出苗。

（三）传播与扩散途径

反枝苋由种子繁殖传播。随农作物、蔬菜引种传播，也随农事活动扩散。种子被牲畜整粒吞食后排出体外仍能发芽。埋在深层土壤中，则发芽力可保持10年。

四、防控技术

反枝苋的防控，参照鳢肠。

撰稿人：杜　龙（山东省花生研究所）
审稿人：曲明静（山东省花生研究所）

第十八节　凹　头　苋

一、诊断识别

凹头苋（*Amaranthus blitum*），别名野苋菜、光苋菜，属于苋科（Amaranthaceae）苋属（*Amaranthus*），是一年生草本植物（图4-18）。株高10~30cm。全株无毛。茎基部分枝，平卧而上升。叶互生，叶片卵形或菱状卵形，长3~5cm，宽2.0~3.5cm，先端微2裂或微缺，基部楔形，全缘，叶面暗绿色，叶背淡绿色，无毛或微有毛；叶柄与叶片近等长，绿白色，无毛。花簇生叶腋，后期形成顶生穗状花序；苞片短；花被片3枚，细长圆形，先端钝而有微尖，向内曲，膜质。长约为胞果的一半，黄绿色，有时具绿色隆脊的中肋；雄蕊3枚；柱头2或3枚，线形。胞果球形或宽卵圆状，近平滑或具皱纹，不裂。

图4-18　凹头苋的植株形态（曲明静　提供）

二、分布为害

凹头苋在我国分布于东北、华北、华南、西南等地区,生长于农田及荒地。主要为害大豆、花生、玉米、甘薯及蔬菜等,在北方花生产区发生较为普遍。

三、发生规律

(一)种子萌发

刚成熟的凹头苋种子在20℃下发芽,种子具有明显的休眠特性。变温20～35℃,或恒温35～40℃可打破凹头苋种子休眠。低温贮存可延长凹头苋种子的休眠期。

(二)生活史

凹头苋开花期7～8月,结实期8～10月。以种子繁殖。

(三)传播与扩散途径

凹头苋的种子随农作物、蔬菜引种夹带引入,并随农事活动扩散。

四、防控技术

凹头苋的防控,参照鳢肠。

撰稿人:杜　龙(山东省花生研究所)
审稿人:曲明静(山东省花生研究所)

第十九节　青　葙

一、诊断识别

青葙(*Celosia argentea*),别名野鸡冠花,属于苋科(Amaranthaceae)青葙属(*Celosia*),是一年生草本植物(图4-19)。株高30～100cm。株体光滑无毛。茎直立,有分枝或不分枝,表面具条纹。叶互生,具短柄。叶片椭圆状披针形至披针形,全缘。穗状花序圆柱状或圆锥状,直立,顶生或腋生。苞片、小苞片和花被片干膜质,光亮,淡红色。胞果卵形,盖裂。种子倒卵形至肾形,稍扁,黑色,有光泽。

二、分布为害

青葙分布范围广泛,生长于平原、田边、丘陵、山坡,可在海拔1100m的高地生长,是旱坡地和果园的常见杂草,尤其对小麦、棉花、豆类、花生、甜菜等农作物为害较重。为黄淮产区花生田的常见杂草之一。

图 4-19 青葙的植株形态（曲明静 提供）

三、发生规律

（一）种子萌发

青葙种子的最适宜发芽温度为 25℃，在 20～30℃时发芽良好。

（二）生活史

青葙苗期 5～7 月，开花期 7～8 月，结实期 8～10 月。

（三）传播与扩散途径

青葙依靠种子繁殖和传播。通常在植株受到碰触时，胞果开裂，种子散落于土壤中。种子亦可随收获作物散落于粮食或秸秆、打谷场垃圾中，再随有机肥回到农田。

四、防控技术

青葙的防控，参照苍耳。

撰稿人：杜　龙（山东省花生研究所）
审稿人：曲明静（山东省花生研究所）

第二十节　喜旱莲子草

一、诊断识别

喜旱莲子草（*Alternanthera philoxeroides*），别名空心莲子草、水生花、革命草、空心苋，属于苋科（Amaranthaceae）莲子草属（*Alternanthera*），是多年生草本植物（图4-20）。基部匍匐，上部斜升，茎中空，长50~120cm，有分枝，具细纵棱，节膨大，节着地可生根，幼茎及叶腋有柔毛。叶片长圆形或倒卵状披针形，对生，长2.5~5.0cm，宽1~2cm，先端具短尖，基部渐狭，全缘，两面无毛或叶面有贴生毛及缘毛，叶柄长0.3~1.0cm。花密生成头状花序，单生在叶腋，球形，直径为0.8~1.5cm，含10~20朵小花，具总花梗。苞片卵形，白色。花被片5枚，矩圆形，白色，长0.5~0.6cm，光亮，无毛。雄蕊5枚，花丝连合成管状，花药条状长椭圆形，退化雄蕊舌状，顶端流苏状。

图4-20　喜旱莲子草的植株形态（陈傲　拍摄）

二、分布为害

喜旱莲子草原产于南美洲，已传播到世界各大洲。我国华东、华中、华南和西南地区皆已入侵扩散，是半湿润地区秋熟旱作物田及稻田杂草，部分区域为害严重。在我国，江西、湖南、江苏等地部分花生田发生严重。

三、发生规律

（一）种子萌发

水生型喜旱莲子草在平均气温8.5℃即可萌芽生长，陆生型在气温9.5℃开始萌发。

平均气温 10.5℃时喜旱莲子草均可普遍出苗和生长。

（二）生活史

喜旱莲子草以根茎繁殖。在水域，喜旱莲子草春后即出现新芽萌发，3月水域已具有一定生长量，4月可布满一定水域，5～10月均可大量繁殖，能迅速蔓延至整个河道，形成优势种群，堵塞河道。在旱地，新芽萌发期比水域迟，一般在4～5月，这与新芽在水域和旱地生境中所处的温度等条件差异相关。由于喜旱莲子草是多年宿根性杂草，并不断繁殖更新，因此花期长，一般4～11月均能开花。

（三）传播与扩散途径

喜旱莲子草以茎段随河流、人类及动物的活动传播，导致迅速蔓延和成灾。

四、防控技术

（一）化学除草

花生田常用的土壤处理除草剂及其用量：40%扑草净可湿性粉剂125～188g/亩、240g/L乙氧氟草醚乳油40～60mL/亩、250g/L噁草酮乳油115～192mL/亩、50%丙炔氟草胺可湿性粉剂4～8g/亩等。

花生田常用的防除阔叶杂草的茎叶处理除草剂及其用量：10%乙羧氟草醚乳油20～30mL/亩、250g/L氟磺胺草醚水剂40～50mL/亩、240g/L乳氟禾草灵乳油15～30mL/亩。

（二）物理防治

根据喜旱莲子草在田间的发生情况，结合机械或人工中耕除草。由于其抗旱能力和再生能力强，中耕除草应在晴天进行，尽量将锄断的杂草置于土壤表面，利用阳光暴晒避免茎段生根和复活，当田间铲除的茎段较多而且土壤湿度较大时，应尽量将杂草残体从田间移除。如果花生田间局部反复出现喜旱莲子草，应多轮实施物理防除。

（三）农业防治

花生田喜旱莲子草的农业防治须采取综合措施。通过深翻土壤结合整地，尽量将耕作层中的杂草根茎繁殖体移除销毁，降低其繁殖体基数。实行合理轮作倒茬，并在倒茬期间利用合适的除草剂降低杂草种群密度。采用田间地膜或作物秸秆、稻糠及麦糠等进行地表覆盖，可抑制杂草的发生，并起到增温保墒和促进花生生长的作用。

撰稿人：陈　傲（湛江市农业科学研究院）
审稿人：曲明静（山东省花生研究所）

第二十一节 铁苋菜

一、诊断识别

铁苋菜（*Acalypha australis*），俗名野苏子、夏草、人苋、蚌壳草、海蚌含珠，属于大戟科（Euphorbiaceae）铁苋菜属（*Acalypha*），是一年生晚春性杂草（图4-21）。株高30～50cm。茎直立，多分枝。叶互生，具有细长柄。叶片卵状披针形，边缘具有细钝齿，叶面有麻纹。穗状花序腋生，单性花，雌雄同序。雄花多数生于花序上端，雌花生于叶状苞片内，此苞片展开时肾形，闭合时如蚌壳。小蒴果，钝三角状，表面有小瘤。种子倒卵球形，常有白色膜质状的蜡层。

图4-21 铁苋菜的植株形态（杜龙 拍摄）

二、分布为害

铁苋菜分布于长江以南和黄河中下游地区、东南沿海、华南和西南等地区，常见于山坡、沟边、路旁、田野，是玉米、棉花、大豆、花生、甘薯等秋熟旱作物田及蔬菜田的重要杂草，部分地块危害严重。

三、发生规律

（一）种子萌发

铁苋菜种子萌发的适宜温度为10～20℃。

（二）生活史

铁苋菜适应性广，5～6月出苗，7～8月开花，8～9月成熟。以种子繁殖。

（三）传播与扩散途径

铁苋菜一株可产生数百粒种子。种子边成熟边脱落，可借助风和水流等向外传播。掩埋在土壤深层的种子，多数能够保持发芽力达数年之久。

四、防控技术

（一）化学除草

花生田常用的土壤处理除草剂及其用量：40% 扑草净可湿性粉剂 125～188g/亩、240g/L 乙氧氟草醚乳油 40～60mL/亩、250g/L 噁草酮乳油 115～192mL/亩、50% 丙炔氟草胺可湿性粉剂 4～8g/亩等。

花生田常用的茎叶处理除草剂及其用量：10% 乙羧氟草醚乳油 20～30mL/亩、250g/L 氟磺胺草醚水剂 40～50mL/亩、240g/L 乳氟禾草灵乳油 15～30mL/亩、480g/L 灭草松水剂 150～200mL/亩、240g/L 甲咪唑烟酸水剂 20～30mL/亩。

（二）物理防治

根据铁苋菜的田间发生情况，结合机械或人工中耕进行防除。由于铁苋菜植株体较软，人工拔除或机械防除后可快速失水，物理防除具有较好的效果。

（三）农业防治

防治花生田铁苋菜的农业措施包括：通过深翻土壤，将耕作层中的杂草种子翻入 20cm 土层之下，抑制杂草种子的萌发和出芽；通过合理轮作倒茬，并在倒茬期间喷施合适的除草剂，可大幅度降低杂草种群密度；通过农用地膜或作物秸秆、稻糠及麦糠等进行田间地表覆盖，可抑制铁苋菜等杂草的发生，还可以提高土壤温度、保持土壤水分、改善土壤微生态，从而促进花生生长发育和增产。

撰稿人：杜　龙（山东省花生研究所）
审稿人：曲明静（山东省花生研究所）

第二十二节　藜

一、诊断识别

藜（*Chenopodium album*），别名灰菜、灰灰菜，属于苋科（Amaranthaceae）藜属（*Chenopodium*），是一年生早春性杂草（图4-22）。株高30～120cm。茎直立，上部多分枝，常有紫斑。叶互生，有细长柄，叶形变化较大，大部为卵形、菱形或三角形，先端尖，基部广楔形或楔形，边缘疏具不整齐的齿牙。花顶生或腋生，多花聚成团伞花簇。花被片5枚，黄绿色，雄蕊5枚，雌蕊1枚，子房卵圆形，花柱羽状2裂。胞果扁圆形，果完全包于花被内或顶端稍露。种子肾形，黑色，无光泽。

图 4-22　藜的植株形态（李杰　拍摄）

二、分布为害

藜分布于全国各地，生长于田间、荒地、路旁，为麦田主要杂草。主要为害小麦、玉米、棉花、豆类、花生、薯类、蔬菜等旱作物及果园。我国各产区花生田均有发生。

三、发生规律

（一）种子萌发

藜从早春到晚秋均可随时发芽出苗，发芽温度为 5～30℃，适宜温度为 10～25℃。

（二）生活史

藜春季出苗，4～5 月生长旺盛。开花期 6～9 月，结实期 8～10 月。以种子繁殖。

（三）传播与扩散途径

一株藜可产生数万粒种子，种子细小，可随风向外传播。水流、农机具携带、作物收获等也可导致其传播。被牲畜整粒吞食的种子，排出体外后仍能发芽。

四、防控技术

藜的防控，参照鳢肠。

撰稿人：曲明静（山东省花生研究所）
　　　　李　杰（濮阳市农业科学院）
审稿人：杜　龙（山东省花生研究所）

第二十三节　小　　藜

一、诊断识别

小藜（*Chenopodium ficifolium*），别名小灰条、灰条菜，属于苋科（Amaranthaceae）藜属（*Chenopodium*），是一年生草本植物（图4-23）。株高20～50cm。茎直立，分枝，具条纹。叶互生，具长柄，长圆状卵形，长1.6～5.2cm，宽1.0～3.5cm，通常3浅裂，中裂片较长，两侧边缘近平行，叶缘具波状齿或全缘，先端钝或突尖。花序穗状或圆锥状，腋生或顶生。花两性，花被片5深裂，裂片宽卵形。雄蕊5枚，开花时外生，柱头2枚，线形。胞果包于花被内，果皮与种子贴生。种子横生，黑色，具光泽，表面具六角形细纹。

图4-23　小藜的植株形态（李杰　拍摄）

二、分布为害

小藜分布于全国各地，生长于荒地、河滩、沟谷潮湿处。为害小麦、玉米、棉花、花生、蔬菜、果树等旱地作物，在部分花生田危害严重。

三、发生规律

（一）种子萌发

小藜种子的最适萌发温度为20～30℃。

（二）生活史

小藜早春萌发，开花期4～6月，结实期5～7月。以种子繁殖。

（三）传播与扩散途径

小藜种子可随风向外传播。靠水流、农机具携带或随作物收获而传播。被牲畜整粒吞食的种子，排出体外后仍能发芽。

四、防控技术

小藜的防控，参照鳢肠。

撰稿人：杜　龙（山东省花生研究所）
　　　　李　杰（濮阳市农业科学院）
审稿人：曲明静（山东省花生研究所）

第二十四节　灰　绿　藜

一、诊断识别

灰绿藜（*Chenopodium glaucum*），别名翻白藜、小灰菜，属于苋科（Amaranthaceae）藜属（*Chenopodium*），是一年生草本植物（图4-24）。茎平卧或斜升，自基部分枝，具条棱或紫红色条纹。叶互生，具柄，长圆状卵形或披针形，长2～4cm，宽6～20mm，先端急尖或钝，基部渐狭，叶缘具缺刻状锯齿，上面光滑无粉，下面被灰白色粉，中脉明显，黄绿色。花两性或兼有雌性。花于叶腋集成短穗，或顶生为间断的穗状花序。花被片3或4枚，浅绿色。雄蕊常为3或4枚，少有1或5枚；柱头2枚，极短。胞果顶端露出于花被外，果皮膜质，黄白色。种子扁球形，横生，稀有直立或斜生，暗红色或红褐色，表皮具细点。

图 4-24　灰绿藜的植株形态（杜龙　拍摄）

二、分布为害

灰绿藜在我国分布于东北、华北、西北等地区，生长于盐碱地、水边或田边。主要为害生长在轻盐碱地的小麦、棉花、蔬菜、花生等，田间或田边均有生长，发生量大且危害重。

三、发生规律

（一）种子萌发

灰绿藜种子发芽的最低温度为 5℃，最适温度为 15~30℃，最高温度为 40℃。适宜土层深度在 3cm 以内。

（二）生活史

灰绿藜开花期 6~9 月，结实期 8~10 月。以种子繁殖。

（三）传播与扩散途径

灰绿藜种子细小，可随风向外传播。靠水流、农机具携带或随作物收获而传播。被牲畜整粒吞食的灰绿藜种子，排出体外后仍能发芽。

四、防控技术

灰绿藜的防控，参照鳢肠。

撰稿人：杜　龙（山东省花生研究所）
审稿人：曲明静（山东省花生研究所）

第二十五节　打　碗　花

一、诊断识别

打碗花（*Calystegia hederacea*），别名小旋花、面根藤、狗儿蔓、蓄秧，属于旋花科（Convolvulaceae）打碗花属（*Calystegia*），是一年生草质藤本植物。嫩根白色，枝脆易断，较粗长，横走。茎细弱，长 0.5～2.0m，匍匐或攀缘。叶互生，具长柄，叶片三角状戟形或三角状卵形，侧裂片展开。花单生于叶腋；花萼外有 2 枚大苞片，卵圆形；花蕾幼时完全包藏于内。萼片 5 枚，宿存。花冠漏斗形（喇叭状），口近圆形，微呈五角形。与同科常见种相比花较小，粉红色，喉部近白色。子房上位，柱头线形 2 裂。蒴果卵圆形。种子倒卵形。

二、分布为害

打碗花分布于全国各地，生长于荒地、田间、路旁。可为害小麦、棉花、豆类、花生、红薯、玉米、蔬菜、果树等。在山西、新疆、贵州等部分花生田发生严重（图 4-25）。

图 4-25　花生田打碗花为害状（王军　拍摄）

三、发生规律

（一）种子萌发

打碗花种子的适宜发芽温度为15～25℃，土壤处于湿润状态，发芽过程5～10天。

（二）生活史

打碗花在华北地区4～5月出苗，开花期7～9月，结实期8～10月。在长江流域3～4月出苗，花果期5～7月。种子和根芽均可繁殖。

（三）传播与扩散途径

打碗花在田间以无性繁殖为主，在我国大部分地区不产生种子，主要以根系扩展进行繁殖和传播。

四、防控技术

（一）化学除草

花生田常用的土壤处理除草剂及其用量：240g/L 乙氧氟草醚乳油 40～60mL/亩、250g/L 噁草酮乳油 115～192mL/亩、50% 丙炔氟草胺可湿性粉剂 4～8g/亩等。

花生田常用的茎叶处理除草剂及其用量：10% 乙羧氟草醚乳油 20～30mL/亩、250g/L 氟磺胺草醚水剂 40～50mL/亩、240g/L 乳氟禾草灵乳油 15～30mL/亩。

（二）物理防治

根据打碗花的生长及为害特性，在田间密度较大时可进行人工拔除，或结合机械或人工中耕除草。由于打碗花的藤蔓较软，物理防除效果较好，但对于密度较大的田块，应尽量拔除其根部组织并集中销毁，或利用阳光暴晒使其丧失繁殖能力。

（三）农业防治

防治花生田打碗花的农业措施包括：通过深翻土壤并结合整地，捣毁耕作层中的杂草根茎繁殖组织，减少杂草来源；通过轮作倒茬，在倒茬期间喷施合适的除草剂，有效降低杂草种群密度，以利于下一茬花生种植田的防控；通过农用地膜或作物秸秆、稻糠及麦糠等进行田间地表覆盖，可抑制杂草的发生，并可促进花生生长发育和增产。

撰稿人：曲明静（山东省花生研究所）
　　　　王　军（贵州省农业科学院）
审稿人：杜　龙（山东省花生研究所）

第二十六节　圆叶牵牛

一、诊断识别

圆叶牵牛（*Ipomoea purpurea*），别名牵牛花、喇叭花，属于旋花科（Convolvulaceae）番薯属（*Ipomoea*），是一年生缠绕草本植物（图4-26）。叶为圆心形，全缘，柄长5～9cm，被倒向柔毛。花腋生，单生或数朵组成伞形或聚伞花序。花序柄比叶柄短或近等长，长4～12cm，毛被与茎相同。苞片线形，长6～7mm，被开展的长硬毛。萼片5枚，长椭圆形，长1.0～1.4cm。花冠漏斗状，直径为4～5cm，紫红色或粉红色，花冠筒近白色。雄蕊5枚，不等长，花丝基部被毛。雌蕊由3个心皮组成，花柱稍长于雄蕊。子房无毛，3室，每室2胚珠，柱头3裂。蒴果，近球形，无毛。种子卵状三棱形，长约5mm。

图4-26　圆叶牵牛的植株形态（刘登望　拍摄）

二、分布为害

圆叶牵牛分布于全国各地，生长于田间、路旁。主要为害玉米、花生、果树、蔬菜等，局部地块危害严重。

三、发生规律

（一）种子萌发

圆叶牵牛种子的适宜发芽温度为20～30℃，覆土约1cm，保持土壤温湿度，5～6天后发芽。

（二）生活史

圆叶牵牛开花期6～9月，结实期9～10月。以种子繁殖。

（三）传播与扩散途径

圆叶牵牛自体弹射扩散。靠水流、农机具携带或随作物收获而传播。动物携带也是其扩散途径之一。

四、防控技术

（一）化学除草

花生田常用的土壤处理除草剂及其用量：40%扑草净可湿性粉剂125～188g/亩、240g/L乙氧氟草醚乳油40～60mL/亩、250g/L噁草酮乳油115～192mL/亩、50%丙炔氟草胺可湿性粉剂4～8g/亩等。

花生田常用的茎叶处理除草剂及其用量：10%乙羧氟草醚乳油20～30mL/亩、250g/L氟磺胺草醚水剂40～50mL/亩、240g/L乳氟禾草灵乳油15～30mL/亩、480g/L灭草松水剂150～200mL/亩、240g/L甲咪唑烟酸水剂20～30mL/亩等。

（二）物理防治

根据圆叶牵牛的田间发生情况，当杂草密度较大时可进行人工拔除，也可结合机械或人工中耕除草，物理防治效果较好。

（三）农业防治

防治花生田圆叶牵牛的农业措施主要包括：通过深翻土壤将耕作层中的杂草种子翻入20cm土层之下，尽量抑制杂草种子的萌发和出芽；实行合理轮作倒茬，并在倒茬作物生长期间喷施合适的除草剂，有效降低杂草种群的密度，以利于下一茬花生种植过程中的防治；利用农用地膜或作物秸秆、稻糠及麦糠等进行田间地表覆盖，可抑制圆叶牵牛等杂草的发生，并可提高土壤温度、保持土壤水分、改善土壤生态和肥力状况，促进花生的生长发育和增产。

撰稿人：杜　龙（山东省花生研究所）
　　　　刘登望（湖南农业大学）
审稿人：曲明静（山东省花生研究所）

第二十七节 裂叶牵牛

一、诊断识别

裂叶牵牛（*Ipomoea nil*），别名牵牛花、喇叭花，属于旋花科（Convolvulaceae）番薯属（*Ipomoea*），是一年生缠绕草本植物。植株体具刺毛。茎细长，分枝。叶心状卵形，通常3裂，稀为5裂，中裂片基部向内凹陷、深至中脉，被硬毛，掌状叶脉。叶柄常较花柄长。花序有花1~3朵。总花梗腋生，长2.5~5.0cm，被长柔毛。苞片2枚，披针形。萼片5枚，披针形，先端向外反曲，3枚宽，2枚较狭，基部密被白色或金黄色柔毛。花冠天蓝色或淡紫色，漏斗状，筒部白色。雄蕊5枚，不等长，花丝基部稍大，被毛。雌蕊无毛，较雄蕊长，3室，每室2个胚珠。蒴果，无毛，球形。种子三棱形，微皱。

二、分布为害

裂叶牵牛分布于全国各地，生长于田间、路旁、荒地。种子可入药，有泻下、利尿、消肿、驱虫功效。主要为害玉米、花生、果树、蔬菜等，部分果园及苗圃危害重。在部分花生田危害严重（图4-27）。

图4-27 花生田裂叶牵牛为害状（叶万余 拍摄）

三、发生规律

（一）种子萌发

裂叶牵牛种子的适宜发芽温度为20~30℃。

（二）生活史

裂叶牵牛 4~5 月萌发出苗，开花期 6~9 月，结实期 7~10 月。以种子繁殖。

（三）传播与扩散途径

裂叶牵牛的传播与扩散途径同圆叶牵牛。

四、防控技术

裂叶牵牛的防控，参照圆叶牵牛。

撰稿人：曲明静（山东省花生研究所）
　　　　叶万余（贺州市农业科学院）
审稿人：杜　龙（山东省花生研究所）

第二十八节　苘　　麻

一、诊断识别

苘麻（*Abutilon theophrasti*），别名椿麻、塘麻、青麻、白麻、车轮草等，属于锦葵科（Malvaceae）苘麻属（*Abutilon*），是一年生亚灌木草本植物。茎秆较高，上面有柔毛。叶子较大且有纹路，浅绿色，边缘不平整，叶柄较长。花朵呈扇形，表面有细毛，黄色。果实较小，呈半球形，种子为褐色。苘麻具有结实量大、种子活力高的特点。

二、分布为害

苘麻在北方各产区广泛分布，生长于田间、荒地。主要为害玉米、棉花、豆类、花生等旱地作物。在东北、西北部分花生产区发生较严重，生长速度快，叶片大，对花生幼苗的荫蔽为害明显（图4-28）。

三、发生规律

（一）种子萌发

苘麻种子的最适萌发温度为 20~30℃，种子萌发对光周期不敏感，在 pH 为 4~9 时均可萌发，土埋深度 1~3cm 时出苗率高。

（二）生活史

苘麻开花期 6~8 月，结实期 8~10 月。10 月下旬下霜后死亡。以种子繁殖。

图 4-28　花生田苘麻为害状（杜龙　拍摄）

（三）传播与扩散途径

苘麻原本作为纤维作物引进，经人工引种栽培而传播和扩散成为杂草。靠水流、农机具携带或随作物收获而传播，动物携带亦可促进其扩散。

四、防控技术

苘麻的防控，参照苍耳。

撰稿人：杜　龙（山东省花生研究所）
审稿人：曲明静（山东省花生研究所）

第二十九节　马　齿　苋

一、诊断识别

马齿苋（*Portulaca oleracea*），别名马齿菜、蚂蚱菜、马舌菜，属于马齿苋科（Portulacaceae）马齿苋属（*Portulaca*），是一年生草本植物。由茎部分枝四散，全株光滑无毛，肉质多汁，汁液有较强的黏性。叶互生，有时对生，叶柄极短，叶片倒卵状匙形，基部广楔形，先端圆或半截或微凹，全缘。花腋生成簇。苞片4或5枚，萼片2枚，花瓣5，黄色。雄蕊8～12枚，雌蕊1枚，子房半下位。蒴果盖裂。种子细小。

二、分布为害

分布于全国各地，尤其在长江流域及以北地区发生普遍。生长于菜田、农田、荒地和较湿的地区，为农田重要杂草，主要为害玉米、棉花、豆类、薯类、花生、蔬菜等（图 4-29）。

图 4-29　花生田马齿苋为害状（叶万余　拍摄）

三、发生规律

（一）种子萌发

马齿苋种子的适宜发芽温度为 20~40℃。

（二）生活史

马齿苋多数 5~6 月出苗，7~8 月开花，8~9 月成熟。性喜肥沃土壤，耐旱亦耐涝，适应性强。一株马齿苋有数千至上万粒种子。再生力强，除种子繁殖外，其断茎亦能生根成活。

（三）传播与扩散途径

马齿苋自体弹射扩散，也可随水流和人畜、农机具携带或作物收获而传播。

四、防控技术

马齿苋的防控，参照鳢肠。

撰稿人：杜　龙（山东省花生研究所）
审稿人：曲明静（山东省花生研究所）

第三十节　龙　　葵

一、诊断识别

龙葵（*Solanum nigrum*），别名猫眼、黑油油、野葡萄、黑星星、七粒扣，属于茄科（Solanaceae）茄属（*Solanum*），是一年生晚春性杂草。株高 50～100cm，直立。上部多分枝，茎圆形，略有棱。叶互生，有柄，卵形，质薄，边缘有不规则的粗齿，两面光滑或有疏短柔毛。伞房状花序，腋外生，有梗。萼片钟状，5 深裂。花瓣 5，白色。雄蕊 5 枚，花药黄色。雌蕊 1 枚，子房球状，2 室。浆果球形，直径约为 8mm，成熟时黑色。种子扁平，近卵形，白色，细小。

二、分布为害

龙葵分布于全国各地，生长于田间、荒地、路旁，喜光性较强，要求肥沃、湿润的微酸性至中性土壤，是棉花、玉米、大豆、花生、蔬菜及果园的常见杂草。在新疆部分花生产区发生严重（图 4-30）。

图 4-30　花生田龙葵为害状（杜龙　拍摄）

三、发生规律

（一）种子萌发

龙葵种子的适宜萌发温度为 22～30℃。

（二）生活史

龙葵多数 5～6 月出苗，7～8 月开花，8～9 月成熟。

（三）传播与扩散途径

龙葵的浆果味甜可食，种子可经动物吞食后传播，整粒种子被吞食后排出体外仍能发芽。将种子埋入耕作层，多年后仍具有发芽力。种子也可经农机具携带或随作物收获而传播。

四、防控技术

龙葵的防控，参照苍耳。

撰稿人：杜　龙（山东省花生研究所）
审稿人：曲明静（山东省花生研究所）

第五章
花生绿色高效防控集成技术与模式

第一节 指导思想与策略

花生是我国具有综合优势的大宗油料与经济作物。近30年来，我国花生总产量和消费量均居世界首位，在国内油料作物中具有总产、单产、产油效率、种植效益和国际竞争力等比较优势，而且具有共生固氮改良土壤、促进粮经作物合理轮作、秸秆饲料化助力畜牧养殖业发展等重要作用。然而，我国包括花生在内的油料生产和供给仍然严重不足，国内消费长期高度依赖进口，而且油料进口面临的风险挑战日益严峻。因此，进一步发展花生生产是增加国内油料供给和提升油料行业国际竞争力的迫切需要。随着我国花生种植规模的扩大、耕作制度的改革、轻简化栽培技术的普及、加上全球气候变化加剧等因素的综合影响，多数花生产区的病、虫、草等有害生物的发生和危害总体将不断加重，因而强化有害生物的绿色高效防控是促进花生产业高质量发展的重要技术需求。

针对我国花生有害生物的发生种类、为害特点和变化趋势，深化花生病虫草害防控的指导思想是"科学防控，绿色生态，增产提质，节本增效"，即通过建立和集成综合防控技术，为保护生态环境、增加花生产量、提升产品质量、降低植保成本、提高生产效益提供坚实的技术支撑。在我国农业农村经济社会结构发生深刻变化、农业科技创新与应用持续进步、农业装备水平不断提升的大背景下，花生有害生物防控必须采取先进的防控策略：一是以绿色、安全、高产、高效为目标；二是以品种综合抗性改良为先导；三是以集成优化综合防控技术为核心；四是以与机械化生产技术相融合为抓手。基于上述指导思想和防控策略，有必要构建适于不同产区的花生绿色高效防控技术及集成模式。

第二节 基本思路与要素

根据我国不同花生产区的自然生态特征、农业生产条件、病虫草害发生为害特点及发展趋势，花生绿色植保技术创新与应用的基本思路：紧紧围绕生产发展需求，认真践行绿色植保理念，针对东北、黄淮、长江流域、华南、西北五大主产区分别研究和集成病虫草有害生物的绿色综合防控技术模式。

我国花生种植分布区域广泛，在不同产区花生有害生物的绿色防控技术创新和集成应用中,需要充分考虑的基本要素包括以下5个方面:一是各个主产区的种植规模和产品用途;二是各个主产区主要病虫草害的发生现状和发展趋势;三是各个主产区内主要有害生物的花生品种抗性改良进展及潜力;四是各个主产区的花生种植制度及机械化发展程度;五是各个主产区可采用的综合防控技术措施(如农业、物理、生物、化学措施等)及防控产品。基于上述基本思路和要素,研究制定出各个主产区花生病害、虫害、田间杂草的绿色高效防控技术模式。

第三节 主要产区绿色高效防控技术模式

针对我国不同花生产区的主要有害生物发生与为害特点,中国农业科学院油料作物研究所、山东省花生研究所、河北农业大学等科研机构和高校联合国家花生产业技术体系的相关岗位科学家及综合试验站的科研人员,在多年调查研究不同花生产区病虫草害种类、分布、基本生物学特性的基础上,研发了花生主要病害、虫害、草害的综合防控技术,并开展了广泛示范应用,取得了良好防控成效。总体上看,花生品种对病虫害的抗性是综合防控的基础,尤其对于多数防治难度较大的土传病害,选用抗病性强的高产品种更为必要,迄今国内外在花生青枯病、白绢病、果腐病及叶部病害等抗性品种改良上取得了良好进展(图5-1)。利用适宜的杀菌剂、杀虫剂在花生播种前进行拌种(图5-2),是防治芽期、苗期病虫害的关键措施,也是提高出苗率、保苗率的有效措施。多地实践证明,花生起垄种植能够有效降低田间渍害和土传病害,随着主产区花生机械

图5-1 花生抗病品种田间防治效果(廖伯寿 提供)
A:防治青枯病;B:防治白绢病;C:防治果腐病;D:防治晚斑病

化生产条件的改善,不仅使起垄的作业效率大幅度提高(图 5-3),而且起垄更便于后期机械化收获。鉴于花生生长期间可受多种病害、虫害、草害的交错为害,而且不同花生产区的有害生物种类和为害程度存在较大差异,所以需要针对不同有害生物的具体为害情况进行有效防治,尤其要结合机械化、智能化技术的融合应用提高防控的作业效率(图 5-4)。此外,花生作为一种易受黄曲霉毒素污染的农产品,除了在生长过程中应采取必要的栽培管控措施进行预防,一定要在花生收获后尽快干燥,使荚果含水量在较短时间内达到安全标准(10% 以下),并控制储藏条件,以降低毒素污染风险(图 5-5)。

图 5-2 花生种子拌种处理(晏立英 提供)

图 5-3 花生田机械化起垄(雷永 提供)

图 5-4　花生田机械化施药（赵丹　提供）

图 5-5　花生原料干燥后安全储藏（雷永　提供）

基于以上研究进展及应用实践而集成的花生有害生物"一选、二拌、三垄、四防、五干燥"综合防控技术模式，多次入选全国和省级农业主推技术。根据全国各花生产区主要有害生物的发生及为害特点，适合各地应用的相应防控模式及具体技术细节如下。

一、东北花生产区

东北花生产区包括辽宁、吉林、黑龙江及内蒙古部分地区，常年花生种植面积在900万亩以上，为我国继黄淮、华南和长江流域之后的第四大花生产区，种植模式主要为春播，依据不同地区的有效积温差异，该产区主要种植生育期120天以内的早熟花生品种，仅辽宁南部部分地区可种植130天的中熟品种。近年来，部分地区还推广了花生与玉米带状间作的复合种植模式。该产区花生的主要病害为叶斑病、网斑病、白绢病、冠腐病、果腐病、菌核病等，主要虫害有蛴螬、蚜虫、双斑萤叶甲、棉铃虫、斜纹夜蛾等，主要杂草有稗、苘麻、铁苋菜、反枝苋等。根据上述特点，推荐该产区花生有害生物防控采取"一选、二拌、三垄、四防、五干燥"的绿色防控技术模式，具体内容如下。

一选：选用抗病虫高产优质早熟花生品种。针对东北花生产区的特点，应选用对叶部病害（叶斑病、网斑病）和果腐病具有良好抗性、耐低温能力较强的高产优质品种，在白绢病、果腐病发生严重的区域，应避免选用高度感病的品种。由于该产区有效积温相对较低，除辽宁省西南部外，花生品种生育期在120天以内为宜。由于高油酸花生品种对播种期低温胁迫相对较为敏感，在大规模推广之前应进行品种适应性试验。在花生播种前，应精选种子以保障发芽率。

二拌：在选择抗病花生品种和精选种子的基础上，应选用噻虫胺、吡虫啉、戊唑醇、咯菌腈、苯醚甲环唑、精甲霜灵等药剂进行拌种。药剂拌种一方面可显著降低出苗期及出苗期低温、病害和虫害对发芽出苗的不良影响，从而提高田间出苗率和保障基本苗数；另一方面有助于降低生长后期根腐病、白绢病和果腐病的危害。在实际操作中，应尽量做到即拌即播。如果拌种后因故不能立即播种，应在干燥、低温条件下妥善保存。

三垄：花生应尽量采用起垄栽培，该方式可增厚土层，有利于花生荚果的发育，也可有效减轻田间积水和渍害，保障花生根系的正常发育和对土传病害的抵抗力，减少生长中后期根腐病、白绢病、果腐病的发生及为害。起垄结合地膜覆盖，还有利于控制田间杂草。同时，起垄栽培也有利于田间管理和机械化收获作业。

四防：在花生生长过程中，应根据不同区域的具体情况灵活进行叶部病害、主要害虫和田间杂草的防控。在选用多抗花生品种和药剂拌种的基础上，播种覆膜前用精异丙甲草胺+乙氧氟草醚进行土壤表面喷雾、封闭杂草，抑制杂草种子的萌发和生长；苗期至花针期（播种后0~60天）在必要时用吡虫啉、乙基多杀菌素等杀虫剂防治蚜虫；生长中后期（荚果充实期至成熟收获期，播种后60~120天）根据田间情况和历年为害程度，采用戊唑醇、苯醚甲环唑、吡唑醚菌酯等预防叶斑病和网斑病，采用物理、化学和生物措施防治棉铃虫、斜纹夜蛾、双斑萤叶甲、蛴螬等害虫，采用除草剂结合人工进行杂草的防除。

五干燥：花生成熟后应适时收获，收获后应在5~7天内进行连续、快速干燥，尽快将荚果水分降低到10%以下，减少霉变风险，防止真菌侵染导致的种子质量下降。东北花生产区应确保在霜冻之前将花生收获和干燥完毕。

二、黄淮花生产区

黄淮花生产区是我国种植面积和总产均最大的主产区，包括山东、河南、河北、安徽北部、江苏北部等地区，常年花生种植面积在3500万亩以上。种植模式包括春播、夏播、麦套、果林间作、玉米间作等，依据不同地区有效积温差异和多熟制需要，主要种植早熟品种（小花生，生育期120天以内）和中晚熟品种（大花生，生育期130~150天）。花生的主要病害为叶斑病、网斑病、病毒病、线虫病、青枯病、根腐病、冠腐病、茎腐病、白绢病、果腐病等，主要虫害有蛴螬、蚜虫、蓟马、斜纹夜蛾、甜菜夜蛾、棉铃虫等，主要杂草有马唐、反枝苋、稗等。根据上述特点，推荐该产区花生有害生物防控采取"一选、二拌、三垄、四防、五干燥"的绿色防控技术模式，具体内容如下。

一选：选用抗病虫高产优质早熟或中熟花生品种，重点应选用抗叶斑病、网斑病、果腐病、白绢病等病害的品种，少数青枯病疫区（如山东西南部、河南南部的局部产区）应选择高抗青枯病高产优质品种，在白绢病、果腐病、青枯病发生严重的区域，应避免选用高度感病的品种。有条件的地区还应选择相对抗线虫病、抗蓟马、抗蚜虫的花生品种。高油酸花生品种总体上在本区域均可种植，但要注意防范局部地区"倒春寒"对出苗的可能影响。在选择抗病虫品种的基础上，应精选种子以保障发芽率。

二拌：在选择抗病虫花生品种和精选种子的基础上，在地下害虫和土传病害较严重及经常有"倒春寒"影响的产区，应进行药剂拌种，以降低发芽期和出苗期低温及病虫害的不利影响，提高田间出苗率和保障基本苗数，同时有助于降低生长中后期根腐病、茎腐病、白绢病和果腐病的危害。可选用的拌种剂包括戊唑醇、咯菌腈、苯醚甲环唑、精甲霜灵、吡虫啉、噻虫胺等。在实际操作中，应尽量做到即拌即播，避免拌种后放置时间过长，如果拌种后不能立即播种，应在低温、干燥条件下安全保存。

三垄：花生种植应尽量采用起垄栽培，尤其在降水量较大、地势平坦的地区应普遍采用起垄栽培，以利于减轻田间积水风险和渍害，保障花生根系正常发育和对土传病害的抵抗力，从而减少根腐病、白绢病和果腐病的发生及为害。黄淮花生产区地膜覆盖栽培较为普遍，有利于控制田间杂草，也有利于增加花生结荚区域的土层厚度和改善土壤养分状态。同时，起垄种植也有利于花生田间管理和机械化收获作业。

四防：在花生生长过程中，应根据不同区域的具体情况灵活进行病害、虫害和田间杂草的有效防控。在选用多抗品种和药剂拌种的基础上，播种覆膜前用精异丙甲草胺+乙氧氟草醚进行土壤表面喷雾、封闭杂草，抑制杂草种子的萌发和生长；苗期至花针期（播种后0~60天）在必要时采用乙基多杀菌素、吡虫啉等杀虫剂防治蚜虫、蓟马等苗期害虫，除了减少虫害，还可抑制病毒病的发生；生长中后期（荚果充实期至成熟收获期，播种后60~130天）根据田间情况和历年发生为害程度，采用戊唑醇、苯醚甲环唑、吡唑醚菌酯等预防叶斑病和网斑病，采用物理、化学和生物措施防治棉铃虫、斜纹夜蛾、甜菜夜蛾、蛴螬等虫害，采用除草剂并结合人工进行杂草的防除。在防治花生叶部病害时，地上部杀菌剂不可过量使用，以免加重生长后期的白绢病等土传病害。

五干燥：花生成熟后应适时收获，收获后应在5~7天内进行连续、快速干燥，在较短时间内将荚果水分降低到10%以下，以减少黄曲霉菌侵染和毒素污染风险，并防止其他真菌侵染导致的种子质量下降。避免花生收获过晚，注意改善储藏条件。避免从病毒病、线虫病、冠腐病和白绢病较重的花生田留种。

三、长江流域花生产区

长江流域花生产区包括四川、重庆、贵州、湖北、湖南、江西、浙江、上海、安徽南部、江苏南部等地，常年花生种植面积在1600万亩以上，是我国第二大花生产区。区域内降水量在不同省份和不同年份间波动较大，旱涝灾害较为频繁。花生种植模式多种多样，包括春播、夏播、果林间作等，根据不同地区有效积温差异和多熟制的需要，主要种植早熟花生品种，生育期在130天内。花生的主要病害包括叶斑病、锈病、青枯病、冠腐病、白绢病、果腐病、疮痂病等，主要虫害有蛴螬、蓟马、蚜虫、斜纹夜蛾、甜菜夜蛾、棉铃虫等，主要杂草有马唐、稗、香附子、喜旱莲子草、牛筋草等。根据上述特点和实践经验，推荐该产区花生有害生物防控采取"一选、二拌、三垄、四防、五干燥"的绿色防控技术模式，具体内容如下。

一选：选用抗病虫高产优质花生早中熟品种，在本区域的广大花生青枯病疫区，应种植高抗青枯病的高产品种，多数抗青枯病花生品种不仅可有效控制青枯病，还具有相对抗果腐病、抗黄曲霉的特性，对白绢病的抗性（耐性）也相对较强。有条件的地区还应选择相对抗蓟马、抗蚜虫的花生品种。高油酸花生品种在此区域无明显生态障碍，但在海拔较高的地块要注意防范播种期"倒春寒"的影响。在选择花生品种抗病性的基础上，应精选种子以保障发芽率。

二拌：在选择抗病花生品种和精选种子的基础上，在土传病害较重和有"倒春寒"影响的局部地区，应在播种前进行药剂拌种，既可显著降低发芽期和出苗期低温及各种病虫害对发芽出苗的不良影响，提高田间出苗率和保障基本苗数，也有助于降低全生育期冠腐病、根腐病、白绢病和果腐病的危害。可选用的拌种剂包括噻虫胺、吡虫啉、戊唑醇、咯菌腈、苯醚甲环唑、精甲霜灵等。该区域空气湿度一般较大，应尽量做到即拌即播，避免拌种后放置时间过长，影响种子发芽力。

三垄：花生应尽量采用起垄或窄厢种植。该产区降水量差异较大，雨量较为集中，容易发生田间积水，地势平坦的田块只有起垄或窄厢深沟，才能减轻田间积水和降低渍害对花生根系发育的影响，起垄防渍也有助于减少中后期白绢病和果腐病的发生及为害，还有利于增厚花生结果区域的土层厚度和改善土壤养分状态。同时，起垄栽培也有利于花生田间管理和机械化收获作业。

四防：在花生生长过程中，应根据不同区域的具体情况灵活进行病害、虫害和田间杂草的有效防控。在选用多抗花生品种和药剂拌种的基础上，采用地膜进行花生覆膜前用精异丙甲草胺+乙氧氟草醚进行土壤表面喷雾、封闭杂草，抑制杂草种子的萌发和生长，而露地花生在播种后3天内喷施相应除草剂从而封闭杂草，之后根据田间杂草发生情况采用除草剂结合中耕进行防除；苗期至花针期（播种后0～60天）在必要时用吡虫啉、乙基多杀菌素等杀虫剂防治蓟马、蚜虫等苗期害虫；生长中后期（荚果充实期至成熟收获期，播种后60～130天）根据田间发生情况和历年发生为害程度，采用戊唑醇、苯醚甲环唑、吡唑醚菌酯等预防叶斑病和锈病，通过物理、化学和生物措施防治斜纹夜蛾、甜菜夜蛾、棉铃虫、蛴螬等虫害，采用除草剂并结合人工进行杂草的防除。

五干燥：花生成熟后应适时收获，收获后应在5～7天内进行连续、快速干燥，在较短时间内将荚果水分降低到10%以下，以减少黄曲霉菌侵染和毒素污染风险，并防止其他真菌侵染导致的种子质量下降。该产区花生收获季节（8～9月）温度仍较高，应尽量在控温条件下安全储藏。避免从冠腐病、白绢病重的花生田留种。

四、华南花生产区

华南花生产区包括广东、广西、福建、海南、云南及湖南南部、江西南部等地区，常年花生种植面积在1300万亩，为我国第三大花生产区，种植模式包括春播、果林间作、甘蔗间作和秋植（南方称"秋造"）等，依据不同地区有效积温差异和多熟制的需要，主要种植早熟品种，生育期在125天内。花生的主要病害为锈病、叶斑病、青枯病、根腐病、冠腐病、果腐病、疮痂病等，主要虫害有斜纹夜蛾、甜菜夜蛾、蓟马、蛴螬等，主要田间杂草有香附子、莎草、稗、马唐、喜旱莲子草等。根据上述特点，推荐该产区花生有害生物防控采取"一选、二拌、三垄、四防、五干燥"的绿色防控技术模式，具体内容如下。

一选：选用高抗病高产优质早熟花生品种，在本区域的青枯病疫区，应种植高抗青枯病的高产品种，多数抗青枯病花生品种不仅能有效控制青枯病危害，还具有相对抗果腐病、抗黄曲霉的特性，对白绢病的抗性（耐性）也相对较强。有条件的地区还应选择相对抗锈病、抗蓟马、抗蚜虫的花生品种。沿海地区由于台风频繁，花生品种的抗倒性也是选用品种的重要考量。高油酸花生品种在该产区无生态适应性障碍。在选择花生品种抗病性的基础上，应精选种子以保障发芽率。

二拌：在选择抗病花生品种和精选种子的基础上，在土传病害和地下害虫较重的局部地区，应在播种前进行药剂拌种，既可显著降低发芽期和出苗期各种病虫害对发芽出苗的不良影响，提高田间出苗率和保障基本苗数，也有助于降低全生育期冠腐病、根腐病、茎腐病、白绢病和果腐病的危害。可选用的拌种剂包括戊唑醇、咯菌腈、苯醚甲环唑、精甲霜灵、噻虫胺、吡虫啉等。该区域空气湿度一般较大，应尽量做到即拌即播，避免拌种后放置时间过长，影响种子发芽力。

三垄：花生应尽量采用起垄或窄厢种植。该产区降水量较大且雨量较为集中，容易发生田间积水，采用起垄或深沟窄厢种植能减轻田间积水、降低渍害对花生根系发育的影响，也有助于减少中后期白绢病和果腐病的发生及为害，还有利于增厚花生结果区域的土层厚度和改善土壤养分状态。同时，起垄或窄厢种植也有利于花生田间管理和机械化收获作业。

四防：在花生生长过程中，应根据不同区域的具体情况灵活进行病害、虫害和田间杂草的合理防控。在选用多抗花生品种和药剂拌种的基础上，地膜花生在覆膜前用精异丙甲草胺+乙氧氟草醚进行土壤表面喷雾、封闭杂草，以抑制杂草种子的萌发和生长，露地花生在播种后3天内喷施相应除草剂进行封闭，之后则根据田间杂草情况采用除草剂结合中耕进行必要的防除；苗期至花针期（播种后0~60天）可用吡虫啉、乙基多杀菌素等杀虫剂防治蓟马、蚜虫等苗期害虫；生长中后期（荚果充实期至成熟收获期，播种后60~130天）根据田间及历年发生为害程度，采用戊唑醇、苯醚甲环唑、吡唑醚菌酯等预防叶部病害，并通过物理、化学和生物措施防治斜纹夜蛾、甜菜夜蛾、蛴螬等虫害，采用除草剂结合人工进行杂草的防除。

五干燥：花生成熟后应适时收获，收获后应在5~7天内进行连续、快速干燥，在较短时间内将荚果水分降低到10%以下，以减少黄曲霉菌侵染和毒素污染风险，并防止其他真菌侵染导致的种子质量下降。该产区花生收获季节（6~7月）温度较高，应尽量在控温条件下安全储藏。南方产区多以秋植花生留种，应避免从冠腐病、白绢病重的田块留种。

五、西北花生产区

西北花生产区包括山西、陕西、甘肃、宁夏、新疆等地，地理范围极广，生态差异较大，但常年种植面积不到200万亩，主要种植模式为春播和果林间作。由于有效积温较低，主要种植早熟品种（中小果型，生育期120天以内）。花生的主要病害为叶斑病、网斑病、冠腐病、白绢病等，主要虫害有蛴螬、地老虎、棉铃虫、叶螨等，主要杂草有马齿苋、藜、稗、龙葵等。根据上述特点，推荐该产区花生有害生物防控采取"一选、二拌、三垄、四防、五干燥"的绿色防控技术模式，具体内容如下。

一选：选用抗病虫高产优质花生品种，主要选择抗叶斑病和网斑病的早熟品种。在选择抗病品种的基础上，应精选种子以保障发芽率。

二拌：在选择抗病品种和精选种子的基础上，在土传病虫害较为普遍和有"倒春寒"影响的地区，应进行药剂拌种，既可显著降低发芽期和出苗期低温及各种病虫害的影响，提高田间出苗率和保障基本苗数，也有助于降低全生育期冠腐病、根腐病的危害。可选用的拌种药剂包括戊唑醇、咯菌腈、苯醚甲环唑、精甲霜灵、噻虫胺、吡虫啉等。尽量即拌即播，避免拌种后放置时间过长，影响种子发芽力。

三垄：花生应尽量采用起垄栽培，可增厚土层，有利于花生荚果的发育，有效减轻田间积水和渍害，保障花生根系的正常发育和抵抗力，减少生长后期白绢病、果腐病等病害。起垄结合地膜覆盖，有利于控制田间杂草，便于田间管理和机械化收获作业。

四防：在花生生长过程中，应根据不同区域的具体情况灵活进行病害、虫害和田间杂草的有效防控。在选用多抗花生品种和药剂拌种处理的基础上，播种覆膜前用精异丙甲草胺+乙氧氟草醚进行土壤表面喷雾、封闭杂草，抑制杂草种子的萌发和生长；苗期至花针期（播种后0~60天）在必要时用乙基多杀菌素、吡虫啉等杀虫剂防治蚜虫等苗期害虫；生长中后期（荚果充实期至成熟收获期，播种后60~130天）根据田间发生情况和历年发生为害程度，采用戊唑醇、苯醚甲环唑、吡唑醚菌酯等药剂预防叶斑病和网斑病，通过物理、化学和生物措施防治棉铃虫、蛴螬等虫害，采用除草剂并结合人工进行杂草的防除。

五干燥：花生成熟后应适时收获，收获后应在5～7天内进行连续、快速干燥，尽快将荚果水分降低到10%以下，减少霉变风险。新疆地区应确保在霜冻之前将花生收获和干燥完毕。

撰稿人：廖伯寿（中国农业科学院油料作物研究所）
　　　　曲明静（山东省花生研究所）
　　　　赵　丹（河北农业大学植物保护学院）
　　　　晏立英（中国农业科学院油料作物研究所）
审稿人：雷　永（中国农业科学院油料作物研究所）
　　　　陈玉宁（中国农业科学院油料作物研究所）
　　　　郭　巍（中国农业科学院研究生院）

参 考 文 献

彩万志, 庞雄飞, 花保祯, 等. 2001. 普通昆虫学. 北京: 中国农业大学出版社.
陈坤荣, 许泽永, 张宗义, 等. 1999. 花生条纹病毒株系生物学特性及壳蛋白基因序列分析. 中国油料作物学报, 21(2): 55-59.
迟玉成, 许曼琳, 牟山, 等. 2012. 蓖麻叶水提取液对花生根结线虫的防治作用研究. 花生学报, 41(4): 42-47.
董炜博, 石延茂, 赵志强, 等. 2000. 花生品种（系）叶部病害综合抗性鉴定. 中国油料作物学报, 22(3): 71-74.
傅俊范. 2013. 图说花生病虫害防治关键技术. 北京: 中国农业出版社.
耿志同, 韩玉军, 张永倩, 等. 2022. 不同环境因素对苘麻种子萌发及出苗的影响. 植物保护, 48(3): 131-135.
管磊, 郭贝贝, 王晓坤, 等. 2016. 苯醚甲环唑等杀菌剂包衣种子防治花生冠腐病和根腐病. 植物保护学报, 43(5): 842-849.
郭海琴. 2017. 小地老虎的发生与防治技术研究. 种子科技, 35(9): 117-118.
郭洪参, 李林, 齐军山, 等. 2009. 山东花生茎腐病发生规律及防治研究初报. 山东农业科学, 41(8): 83-85.
郭洪参, 张悦丽, 齐军山, 等. 2014. 山东花生茎腐病病原菌研究. 中国油料作物学报, 36(4): 524-528.
郭志青, 沈浦, 许曼琳, 等. 2021. 北方根结线虫对花生黄曲霉菌及其毒素污染的影响. 花生学报, 50(4): 23-29.
贾风勤, 李幼龙, 张会群. 2016. 温度对狗尾草和金色狗尾草植物种子萌发的影响. 种子, 35(4): 30-33.
焦德志, 黄曌月, 王乐园, 等. 2017. 芦苇种子萌发对不同环境因子的响应. 种子, 36(1): 94-97.
康彦平, 雷永, 万丽云, 等. 2019. 我国长江流域和南方地区花生青枯菌遗传多样性分析. 植物保护学报, 46(2): 291-297.
李继红. 2013. 蔬菜甜菜夜蛾和斜纹夜蛾的识别与防治. 农业灾害研究, 3(10): 21-24, 29.
李茹, 罗小娟, 董立尧, 等. 2013. 鳢肠种群对除草剂的敏感性. 江苏农业学报, 29(6): 1514-1516.
李绍建, 高蒙, 王娜, 等. 2022. 花生网斑病原菌孢子差异及其致病力分析. 中国油料作物学报, 44(6): 1341-1348.
李晓婷. 2010. 中国芫菁科分类研究（鞘翅目：多食亚目：拟步甲总科）. 杨凌: 西北农林科技大学硕士学位论文.
李照会. 2011. 园艺植物昆虫. 2版. 北京: 中国农业出版社.
廖伯寿. 2012. 花生主要病虫害识别手册. 武汉: 湖北科学技术出版社.
廖伯寿. 2020. 我国花生生产发展现状与潜力分析. 中国油料作物学报, 42(2): 161-166.
刘晓光, 范燕, 赵雪飞, 等. 2021. 冀东地区花生果腐病发生动态及致病因子研究. 花生学报, 50(3): 55-60.
刘因华, 赵远, 张菊, 等. 2020. 蟋蟀的研究进展. 云南中医中药杂志, 41(12): 81-85.
马小艳, 任相亮, 姜伟丽, 等. 2019. 不同萌发期龙葵的生长和繁殖特性比较. 杂草学报, 37(3): 13-18.
宁蕾, 单彬, 叶维雁, 等. 2021. 牛筋草的危害及综合防控现状. 农业研究与应用, 34(6): 71-74.

强刚, 姚良琼, 魏峰. 2014. 花生常见地上害虫的识别与防治. 农业灾害研究, 4(5): 13-15, 20.

任英, 付东, 杨宽林, 等. 2005. 花生蛛蚧发生与防治初探. 植物检疫, 19(1): 56.

尚鸿雁. 2020. 花生新黑地蛛蚧的发生与防治技术. 植物医生, 33(2): 76-78.

宋万朵, 晏立英, 雷永, 等. 2018. 花生白绢病菌ITS分型、菌丝亲和群分析及相关生物学特性比较. 植物病理学报, 48(3): 305-312.

宋协松, 董炜博, 闵平, 等. 1994 花生根结线虫病产量损失估计与防治指标的研究. 植物保护学报, 21(4): 311-315.

宋协松, 栾文琪, 董炜博, 等. 1995. 花生种质资源对花生根结线虫病的抗性鉴定. 植物病理学报, 25(2): 139-141.

孙思昂, 邓梓妍, 熊佳瑶, 等. 2022. 空心莲子草生物及生态防治研究进展. 南方农业, 16(9): 164-167.

王后苗, 潘婷, 魏杰, 等. 2018. 花生收获前黄曲霉毒素污染抗性及其与花生安全贮藏关系的分析. 扬州大学学报（农业与生命科学版）, 39(3): 58-62, 90.

魏莹, 李倩, 李阳, 等. 2020. 外来入侵植物反枝苋的研究进展. 生态学杂志, 39(1): 282-291.

温学森, 李爱国, 陈汉斌. 1995. 国产打碗花属植物种子形态及其分类学意义. 植物研究, 15(3): 363-367.

吴立民. 2001. 花生病虫草鼠害综合防治新技术. 北京: 金盾出版社.

肖迪, 薛彩云, 周如军, 等. 2018. 花生疮痂病菌生物学特性研究. 中国油料作物学报, 40(1): 134-139.

徐秀娟. 2009. 中国花生病虫草鼠害. 北京: 中国农业出版社.

许曼琳, 张霞, 吴菊香. 2021. 花生抗网斑病品种筛选及抗病性与产量损失的关系. 中国油料作物学报, 43(4): 731-735.

许泽永, Reddy DVR, Rajeshwari R, 等. 1986. 我国南方花生发生一种由番茄斑萎病毒引起的新病害. 病毒学报, 2(3): 271-274.

薛其勤, 万勇善, 刘风珍. 2007. 花生褐斑病病菌的分离培养及致病性研究. 中国农学通报, 23(3): 343-346.

晏立英, 宋万朵, 雷永, 等. 2019. 花生种质对白绢病抗性的鉴定评价. 中国油料作物学报, 41(5): 1-7.

晏立英, 许泽永, 陈坤荣, 等. 2005. 侵染花生的黄瓜花叶病毒CA株核酸基因组全序列分析. 中国病毒学, 20(3): 315-319.

于静, 李莹, 许曼琳, 等. 2020. 不同花生品种对花生果腐病的抗性鉴定. 中国油料作物学报, 42(4): 681-686.

张霞, 许曼琳, 郭志青, 等. 2021. 北方产区花生品种黑斑病抗性鉴定. 中国油料作物学报, 43(4): 736-742.

张玉聚, 李洪连, 张振臣, 等. 2010. 农业病虫草害防治新技术精解. 北京: 中国农业技术出版社.

张宗义, 陈坤荣, 许泽永, 等. 1998. 花生普通花叶病毒病发生和流行规律研究. 中国油料作物学报, 20(1): 78-82.

赵毕, 周标. 2021. 中国花生及其制品黄曲霉毒素污染与风险评估研究现状. 预防医学, 33(12): 1228-1230, 1235.

赵江涛, 于有志. 2010. 中国金针虫研究概述. 农业科学研究, 31(3): 49-55.

中国农业科学院植物保护研究所, 中国植物保护学会. 2015. 中国农作物病虫害. 3版. 上册. 北京: 中国农业出版社.

周亮高, 霍超斌, 刘景梅, 等. 1980. 广东省花生锈病研究. 植物保护学报, 7(2): 67-74.

朱恢勇. 2019. 大灰象甲生物学特性及防治效果试验研究. 现代农村科技, (9): 68-69.

Arias RS, Conforto C, Orner VA, et al. 2023. First draft genome of *Thecaphora frezii*, causal agent of peanut smut disease. BMC Genomic Data, 24(1): 9.

Augusto J, Brenneman TB, Culbreath AK, et al. 2010. Night spraying peanut fungicides Ⅱ. Application timings and spray deposition in the lower canopy. Plant Dis, 94(6): 683-689.

Chen K, Wang LH, Chen H, et al. 2021. Complete genome sequence analysis of the peanut pathogen *Ralstonia solanacearum* strain Rs-P. 362200. BMC Microbiol, 21(1): 118.

Chen KR, Xu ZY, Yan LY, et al. 2007. Characterization of a new strain of *Capsicum chlorosis virus* from peanut (*Arachis hypogaea* L.) in China. J Phytopathol, 155(3): 178-181.

Choppakatla V, Wheeler TA, Schuster GL, et al. 2008. Relationship of soil moisture with the incidence of pod rot in peanut in West Texas. Peanut Sci, 35(2): 116-122.

de Blas FJ, Bressano M, Teich I, et al. 2019. Identification of smut resistance in wild *Arachis* species and its introgression into peanut elite lines. Crop Sci, 59(4): 1657-1665.

Deepthi KC, Reddy NPE. 2013. Stem rot disease of peanut (*Arachis hypogaea* L.) induced by *Sclerotium rolfsii* and its management. Int J Life Sci Biotechnol Pharma Res, 2(3): 26-38.

Demski JW. 1975. Source and spread of *Peanut mottle virus* in soybean and peanut. Phytopathology, 65(8): 917-920.

Demski JW, Reddy DVR, Sowell G Jr, et al. 1984. *Peanut stripe virus*: a new seed-borne *Potyvirus* from China infecting groundnut (*Arachis hypogaea*). Ann Appl Biol, 105(3): 495-501.

Dong WB, Holbrook CC, Timper P, et al. 2008. Resistance in peanut cultivars and breeding lines to three root-knot nematode species. Plant Dis, 92(4): 631-638.

Ghanekar AM, Reddy DVR, Iizuka N, et al. 1979. Bud necrosis of groundnut (*Arachis hypogaea*) in India caused by *Tomato spotted wilt virus*. Ann Appl Biol, 93(2): 173-179.

Gremillion S, Culbreath A, Gorbet D, et al. 2011. Response of progeny bred from Bolivian and north American cultivars in integrated management systems for leaf spot of peanut (*Arachis hypogaea*). Crop Prot, 30(6): 698-704.

Hayward AC, Hartman GL. 1994. Bacterial Wilt: the Disease and Its Causative Agent, *Pseudomonas solanacearum*. Wallingford: CAB International.

Holbrook CC, Noe JP. 1990. Resistance to *Meloidogyne arenaria* in *Arachis* spp. and its implication on development of resistant peanut cultivars. Peanut Sci, 17(1): 35-38.

Johnson R, Cantonwine EG. 2014. Post-infection activities of fungicides against *Cercospora arachidicola* of peanut (*Arachis hypogaea*). Pest Manag Sci, 70(8): 1202-1206.

Kanade SG, Shaikh AA, Jadhav JD. 2015. Sowing environments effect on rust (*Puccinia arachidis*) disease in groundnut (*Arachis hypogea* L.). Inter J Plant Prot, 8(1): 174-180.

Kishore GK, Pande S, Podile AR. 2005. Biological control of collar rot disease with broad-spectrum antifungal bacteria associated with groundnut. Canadian J Microbiol, 51(2): 123-132.

Kokalis-Burelle N, Porter DM, Rodriguez Kabana R, et al. 1997. Compendium of Peanut Diseases. 2nd ed. St. Paul: APS Press.

Leal-Bertioli SCM, Farias MP, Silva PT, et al. 2010. Ultrastructure of the initial interaction of *Puccinia arachidis* and *Cercosporidium personatum* with leaves of *Arachis hypogaea* and *Arachis stenosperma*. J Phytopathol, 158(11/12): 792-796.

Leal-Bertioli SCM, Moretzsohn MC, Roberts PA, et al. 2016. Genetic mapping of resistance to *Meloidogyne arenaria* in *Arachis stenosperma*: a new source of nematode resistance for peanut. G3, 6(2): 377-390.

Liao BS, Liang XQ, Jiang HF, et al. 2005. Progress on genetic enhancement for resistance to peanut bacterial wilt in China // Allen C, Prior P, Hayward AC. Bacterial Wilt Disease and the *Ralstonia solanacearum* Species Complex. St. Paul: APS Press: 239-246.

McDonald D, Reddy DVR, Sharma SB, et al. 1998. Diseases of peanut. The Pathology of Food and Pasture Legumes: 63-124.

Mondal S, Badigannavar AM. 2015. Peanut rust (*Puccinia arachidis* Speg.) disease: its background and recent accomplishments towards disease resistance breeding. Protoplasma, 252(6): 1409-1420.

Orner VA, Cantonwine EG, Wang XM, et al. 2015. Draft genome sequence of *Cercospora arachidicola*, causal agent of early leaf spot in peanuts. Genome Announc, 3(6): e01281-15.

Phipps PM, Porter DM. 1998. Collar rot of peanut caused by *Lasiodiplodia theobromae*. Plant Dis, 82(11): 1205-1209.

Prior P, Fegan M. 2005. Recent developments in the phylogeny and classification of *Ralstonia solanacearum*. Acta Hort, (695): 127-136.

Rago AM, Cazón LI, Paredes JA, et al. 2017. Peanut smut: from an emerging disease to an actual threat to Argentine peanut production. Plant Dis, 101(3): 400-408.

Reddy DVR. 1991. Peanut viruses and virus diseases: distribution, identification and control. Rev Plant Pathol, 70: 665-678.

Reddy LJ, Nigam SN, Moss JP, et al. 1996. Registration of ICGV 86699 peanut germplasm line with multiple disease and insect resistance. Crop Sci, 36(3): 821.

Sailaja AP, Podile AR, Reddanna P. 1998. Biocontrol strain of *Bacillus subtilis* AF1 rapidly induces lipoxygenase in groundnut (*Arachis hypogaea* L.) compared to crown rot pathogen *Aspergillus niger*. European J Plant Pathol, 104(2): 125-132.

Sanogo S, Puppala N. 2007. Characterization of a darkly pigmented mycelial isolate of *Sclerotinia sclerotiorum* on Valencia peanut in New Mexico. Plant Dis, 91(9): 1077-1082.

Smith DL, Hollowell JE, Isleib TG, et al. 2007. A Site-specific, weather-based disease regression model for *Sclerotinia* blight of peanut. Plant Dis, 91(11): 1436-1444.

Subrahmanyam P, Wongkaew S, Reddy DVR, et al. 1992. Field diagnosis of peanut diseases. ICRISAT Inf Bull, 36: 75.

Sun WM, Feng LN, Guo W, et al. 2012. First report of peanut pod rot caused by *Neocosmospora vasinfecta* in Northern China. Plant Dis, 96(3): 455.

Timper P, Wilson DM, Holbrook CC, et al. 2004. Relationship between *Meloidogyne arenaria* and aflatoxin contamination in peanut. J Nematol, 36(2): 167-170.

Waliyar F, Shew BB, Shidahmed R, et al. 1995. Effects of host resistance on germination of *Cercospora arachidicola* on peanut leaf surfaces. Peanut Sci, 22(2): 154-157.

Woodward JE, Brenneman TB, Kemerait Jr RC, et al. 2010. Management of peanut diseases with reduced input fungicide programs in fields with varying levels of disease risk. Crop Prot, 29(3): 222-229.

Wu BM, Subbarao KV. 2008. Effects of soil temperature, moisture, and burial depths on carpogenic germination of *Sclerotinia sclerotiorum* and *S. minor*. Phytopathology, 98(10): 1144-1152.

Xu Z, Barnett OW. 1984. Identification of a *Cucumber mosaic virus* strain from naturally infected peanut in China. Plant Dis, 68(5): 386-389.

Xu Z, Barnett OW, Gibson PB. 1986. Characterization of *Peanut stunt virus* strains by host reactions, serology, and RNA patterns. Phytopathology, 76(4): 390-395.

Xu ZY, Chen KR, Zhang ZY, et al. 1991. Seed transmission of *Peanut stripe virus* in peanut. Plant Dis, 75(7): 723-726.

Yan LY, Kang YP, Lei Y, et al. 2014. First report of *Sclerotinia sclerotiorum* causing *Sclerotinia* blight on peanut (*Arachis hypogaea*) in Northeastern China. Plant Dis, 98(1): 156.

Yan LY, Song WD, Yu DY, et al. 2022. Genetic, phenotypic, and pathogenic variation among *Athelia rolfsii*, the causal agent of peanut stem rot in China. Plant Dis, 106(10): 2722-2729.

Yan LY, Wang ZH, Song WD, et al. 2021. Genome sequencing and comparative genomic analysis of highly and weakly aggressive strains of *Sclerotium rolfsii*, the causal agent of peanut stem rot. BMC Genomics, 22(1): 276.

Zhang X, Xu ML, Wu JX, et al. 2019. Draft genome sequence of *Phoma arachidicola* Wb2 causing peanut web blotch in China. Curr Microbiol, 76(2): 200-206.

附录　花生有害生物绿色防控技术挂图

一、东北产区花生有害生物绿色防控技术挂图

二、黄淮产区花生有害生物绿色防控技术挂图

三、长江流域产区花生有害生物绿色防控技术挂图

四、华南产区花生有害生物绿色防控技术挂图

五、西北产区花生有害生物绿色防控技术挂图